持続可能な社会のための環境教育シリーズ〔2〕

自然保護教育論

小川　潔／伊東静一／又井裕子　編著
阿部　治／朝岡幸彦　監修

はじめに

　自然保護教育と聞いて、読者はどんな内容を思い浮かべるだろうか。野鳥にえさを与えること、巣箱を作ること、確かにそれらが主たる内容だった時代もある。昨今であれば、森林の下草刈りボランティアを連想するひとがあるかも知れない。今、日本野鳥の会や日本鳥類保護連盟では、野鳥にえさを与えないでと呼びかけている。人間と野生生物との関係は時代とともに変化している。

　ところで、本書は東京農工大学と東京学芸大学で自然保護教育に関心を持つ者たちが月1回開催している自然保護教育ゼミの中から生まれた。自然保護というと、「蝶よ花よ」の自然愛護・礼賛活動だと誤解される情報が飛び交ったことがあった。今では「蝶よ花よ」でなにが悪いか、と居直ることも許される時代になってきたが、先人たちは開発や環境の悪化と対峙するなかで、自然が人間の心身にとって必要不可欠なものであるということを示すために、人間自身のあり方についての研究にも取り組んだ。おとなたちはまた、子どもたちのためにと自然を守り残す運動をおこした。本書では、こうした歴史を背負って自然保護教育と呼ばれる日本独特の環境教育について、正史に当たる部分を紹介するとともに、その源流を築いてきた人と団体、現在環境を守るために奔走している人々にふれ、これまで歴史や社会のなかであまり取り上げられることがなかった事実、特に自然を守る運動の中で、それにかかわった人々の学び・成長に焦点を当てた。それは、個人および環境価値観の形成史としても、ターニングポイントとなる経験を確認することであり、自然あるいは環境が持つ教育力を再確認することをも意味する。

　本書のもう一つの着目点は、持続可能性についてである。環境教育は21世紀を迎えて、持続的社会づくりの教育（ESDまたはESS）としての認識が急速に広まっている。日本の環境教育はじつは、1950年代に発した自然保護教育や1960年代からの公害教育の中に、生態学的持続性、自然と文化の多様性保全、環境倫理、民主主義と社会的公正など、ESSの主要要素を包含していた。

当時、初発的な環境教育を担った世代の意志は、今をおいては継承不可能となるのではないか、という危機感も、本書の執筆を後押しした。自然保護教育論と題して、あえて野鳥との付き合い方とか、植物の見分け方とかの、いわゆるノウハウものを割愛したのは、こうした背景からであった。

　本書が、日本の環境教育を見直し、日本から世界に環境教育を発信していく一助となることを期待したい。同時に、ESDまたはESSから、もしかすると抜け落ちてしまうかもしれない、感性の育成といった環境教育（自然保護教育）のもう一つの面を考える契機にもなってほしいと願っている。

　2008年8月

小川潔、伊東静一、又井裕子

目　次

はじめに ……………………………………………………………………… 3

第1章　自然保護教育の歴史と展開 …………………………………… 9
1　はじめに……9
2　下泉重吉の自然保護教育……10
3　中西悟堂と日本野鳥の会……11
4　金田平・柴田敏隆と三浦半島自然保護の会……13
5　東京教育大学野外研究同好会（野外研）と会員たち……15
6　「自然観察会」の取り組み……18
7　自然保護教育のさまざまな取り組み……22

第2章　自然保護運動と地域の学び ………………………………… 27
第1節　「多摩川の自然を守る会」の活動に見る自然保護教育の成果… 27
1　多摩川の自然を守る会……27
2　環境パートナーシップの構築……33
3　パートナーシップから環境ガバナンスへ……38

第2節　川辺川ダム問題における住民運動と環境学習の展開
　　　　―住民討論集会を中心に― ………………………………… 42
1　はじめに……42
2　川辺川ダム問題における住民運動……42
3　「住民討論集会」の展開過程……48
4　住民討論集会における環境学習……53
5　「熊本型民主主義」の成立……57

第3節　千葉の干潟を守る会・大浜清の軌跡 …………………………… 61
1　はじめに……61
2　個人史研究の方法論について……62
3　大浜清の個人史……66
4　大浜は「なぜ」自然保護活動に関わっていったのか……73

第4節　高尾の自然保護運動 ……………………………………………… 80
1　はじめに……80
2　運動の歴史的変遷……81
3　住民による自然保護の取り組み……87
4　圏央道建設と今後の自然保護運動の課題……91
5　自己教育運動としての高尾の自然保護運動……92

────コラム　トトロの森、狭山丘陵の自然保護……95

第3章　自然保護教育の到達点 ……………………………………………… 103
第1節　1970年代から80年代にかけての自然保護教育の方法論的模索
　　　　　──日本ナチュラリスト協会の実践史より── ……………… 103
1　問題設定と方法……103
2　自然保護教育実践としてのナチュラリスト運動……104
3　自然保護教育の方法論をめぐる日本ナチュラリスト協会の実践……108
4　1970年代から80年代にかけての自然保護教育の方法論的特徴……116
5　社会教育・生涯学習実践としての1970年代から80年代の自然保護教育の
　　到達点……119

第2節　環境教育としての自然観察会の再評価 ………………………… 122
1　自然観察会の成立過程と環境教育への志向性……122
2　「自然観察会」の野外活動と自然保護ゼミ……128

3　「しのばず自然観察会」の到達点……**133**
　　4　金田平と自然観察指導員養成理念の到達点……**138**

第4章　自然保護教育の展望……**149**
第1節　自然保護教育の視点……**149**
　　1　はじめに……**149**
　　2　今日の自然保護をとりまく状況……**149**
　　3　自然の持続可能な利用とは何か……**152**
　　4　東京教育大学野外研究同好会……**153**
　　5　日本自然保護協会の自然観察会……**155**
　　6　日本生物教育学会における自然保護教育……**157**
　　7　結論……**157**
　　8　おわりに……**158**

第2節　自然保護教育の展望……**160**
　　1　自然保護教育における観察と行為……**160**
　　2　自然保護運動に内在する教育力……**163**
　　3　自然保護教育と〈ローカルな知〉の可能性……**166**

資料……**169**
　　1　自然のたより創刊号（三浦半島自然保護の会）1959.5.10……**169**
　　2　新浜を守る会よりNo.5（新浜を守る会）1968.5……**170**
　　3　日本で最初の自然保護を訴えるデモ参加呼びかけチラシ
　　　　（自然を返せ！　生きもの連合）1970.7……**171**
　　4　自然観察会よりNo.18（自然観察会）1972.3……**172**
　　5　NATURALIST（日本ナチュラリスト協会）1975.10……**173**
　　6　ナチュラリストだより14号（日本ナチュラリスト協会）1975.10.1……**174**

第1章　自然保護教育の歴史と展開

1　はじめに

　日本の環境教育を歴史的に見て、小川潔は、環境教育という用語の成立以前からの環境学習実践として公害教育と自然保護教育の存在を指摘し、前者の事例に沼津・三島・清水における石油コンビナート反対の学習運動や江戸川における奇形ガエルの教材化などをあげ、後者の特徴として、生態学的な自然のしくみを理解したり野外道徳を身につけること、生活環境としての自然を位置づけることなどをあげている[1]。

　沼田眞は、「環境教育は、自然教育や野外教育を含む自然保護教育と公害教育を含む環境保全教育から成り立つ」と述べ[2]、鈴木善次は自然保護教育の出発点に関して、1957年に日本自然保護協会が文部大臣ほか各方面に提出した自然愛護を学校の各教科で強調するよう求めた「自然保護教育に関する陳情」や、日本生物教育学会による1970年の生態学を基盤とした自然保護教育の推進の要望書を示し、公害環境問題の推移と公害教育について記述している[3][4]。現代日本の環境教育を概観して新田和宏は、公害教育、自然保護教育、自然体験学習、並びに持続可能性のための教育に区分し[5]、朝岡幸彦は公害教育系、自然保護・野外教育系など五つに区分している[6]。公害教育については福島達夫によって環境教育上の位置づけがされているが[7]、自然保護教育に関しては、1975年に出された青柳昌宏の中間的総括論文[8]と1977年の小川による論文[9]以降、まとまった論考が欠けていた。伊東・小川が2008年になって、自然保護教育の源流として、日本野鳥の会を起こした中西悟道、日本生物教育学会を起こした下泉重吉、三浦半島自然保

護の会を起こした金田平・柴田敏隆、自然観察会と自然保護運動の統一をめざした小川潔らと彼らが活動した場や団体をあげ、環境教育史上に位置づけた[10]。そこで本章では、伊東・小川のまとめに準拠して自然保護教育のルーツを簡単に紹介するとともに、伊東・小川の論文で取り上げきれなかった様々な試みや模索を加えて、自然保護教育のアウトラインに迫りたい。

2　下泉重吉の自然保護教育

　自然保護教育の必要性にいち早く気づき、教育の場に導入する努力をした、いわば自然保護教育の先駆者が下泉重吉であった（**表1-1**）。下泉は生物学の中でもマイナーな生態学の研究・教育に携わり、第二次大戦後は欧米の生物学教育を積極的に日本に紹介し、教師教育に尽力した。下泉の自然保護観は、生態学から出発したので、はじめ、景観を守るというような自然保護には抵抗があり、科学的な生態系の探求過程が自然保護思想を培うという考えを持っていた。その一方、情操や自然を大切にするしつけを重視した[11]。

　下泉は自然保護教育の提言として、母親への自然保護講座の実施など8項目を示して、なかでも指導者養成と教師教育の重要性を指摘した（**表1-2**）[12]。

　下泉の研究室や活動実践から、後述する金田平や青柳昌宏をはじめ、山梨県の教育界で活動した広瀬俊将、ヤマネ研究や「田んぼの環境教育」をすすめる湊秋作など、その後の自然保護教育を担う多くのリーダーが生まれていった。また、日本自然保護協会、日本学術会議自然保護研究連絡委員会、日本生物教育学会で、自然保護教育推進の役割を果たした。

　下泉にとって最後の活動となった都留文科大学学長時代、山梨県の学校教育における自然保護カリキュラムと教材開発、自然保護教育のための教員研修を実現した。下泉の主張や提言の多くは、現在でも環境教育が依拠する基本的考え方であり、課題であり、制度的には未達成のままである。

第1章　自然保護教育の歴史と展開

表1-1　下泉重吉略歴

> 下泉重吉（1901～1975年）。
> 徳島県三好郡三加茂町で生まれた。
> 小学校訓導（教師）を経て東京高等師範学校、および東京文理科大学を卒業、東京高等師範学校および東京教育大学教授、さらに1973年都留文科大学学長を歴任。
> この間、科学教育研究会（1951年）、日本生物教育学会（1957年）、東京都自然保護協会（1967年）、山梨県自然保護教育をすすめる会（1974年）を設立、日本自然保護協会理事にも就任し（1960年）、科学教育（とりわけ生物教育、生態学教育）と自然保護教育の普及に尽力した。

注：下泉美冬『自然に学び、自然に従い雑草のように力強く』（財団法人科学教育研究会、2003年）。

表1-2　下泉の自然保護教育提言

> ①母親を対象とした自然保護講座を
> ②自然公園等での自然観察指導の体系化を
> ③自然保護の立場からのモラル高揚を
> ④学習指導要領の検討を
> ⑤自然保護教育の立場からの生物教材の体系化を
> ⑥自然保護教育の立場からの理科野外学習の革新・強化を
> ⑦自然保護教育の指導者養成：教員養成大学における自然保護学の必修化、教員再教育に自然保護教育、教育行政担当者への再教育を
> ⑧ナチュラリスト養成：教員養成大学に講座と認定制度を

注：下泉重吉「自然保護教育をどう考えるか」（『自然保護』(123)、1972年）。

3　中西悟堂と日本野鳥の会

　日本最大の自然愛好団体である日本野鳥の会をつくり育てたのが、中西悟堂である（**表1-3**）。西村眞一[13]によると、中西の生い立ちには寺での修行と木食（もくじき）生活というユニークな体験がある。木食生活とは、火食をせず、水で練ったそば粉、松の芽、大根の生かじりなど、自給自足の生活である。近くの雑木林にゴザを敷き、持参した本を読み干渉のない自主孤独な生活で、読書以外は野鳥や昆虫の観察をしていた。

　内田清之助とともに仕掛けた1934（昭和9）年の日本野鳥の会発足会や探鳥会には、山階芳麿、柳田国男、窪田空穂、北原白秋、中村星湖、金田一京

表 1-3　中西悟堂の略歴

> 中西悟堂（1895～1984 年）。
> 文芸家。石川県金沢市で生まれ、病弱のため秩父の寺に預けられた。
> この修行の過程で野鳥との触れ合いも始まった。1907 年には深大寺に預けられ、15 歳の時に得度し法名を悟堂とし、さらに曹洞宗学林に入学し文学書、思想史、文化史などを読むようになった。
> 1934 年、日本野鳥の会設立、同年、日本で始めての探鳥会を実施した。第二次大戦後、日本野鳥の会は中西を先頭にして、野鳥捕獲用カスミ網の使用禁止を実現（1957 年）、野鳥の生息環境を保全するためのサンクチュアリづくりを 1976 年頃から着手し、1981 年に苫小牧ウトナイ湖にそれを誕生させた。中西自身は、会の内部事情で 1980 年に日本野鳥の会を退会してしまった（1 年後に復会）。

注：西村眞一「日本野鳥の会創設者「中西悟堂」」（自然体験学習実践研究会編『自然体験学習実践の地域指導者』ネイチャーゲーム研究所、2007 年）および小林照幸『野の鳥は野に』（新潮社、2007 年）。

助、荒木十畝、奥村博史など、鳥学者のほかに当時の文壇画壇の著名人が参加した。ちなみに「探鳥」や「探鳥会」は、中西の造語である。この段階では、日本野鳥の会は、一種の文化運動団体と見ることができる。

　当時の野鳥を取り巻く環境は、『飼う』『捕まえる』『食する』であった。中西もはじめ、自宅に野鳥を放し飼いにしていたが、野鳥は、一個人の所有物ではなく、国民の感情生活に潤いを与えるものとして、自然の中での生態を考えるようになった。

　掠奪的な日本の伝統的自然趣味に対し、中西は仏教思想を背景にして「野鳥は野に」というスローガンを掲げ[14][15]、最終的には採集を伴わない自然観察法を日本野鳥の会の活動のなかで確立した。この野外観察スタイルは、その後の自然保護教育の方法論としても理念としても大きな役割を持っていった。また、日本野鳥の会の支部活動から多くの自然保護運動や自然保護教育を担うグループや個人が生まれていった。このように、研究者でない一般の市民が自然保護や自然教育、野鳥の生息地の保護などに参加・参画できる仕組みづくりをしていった中西の歩みは、偉業と言ってよいだろう。

4　金田平・柴田敏隆と三浦半島自然保護の会

　自然保護教育の理論家であり実践者として活躍する金田平と柴田敏隆が中心になって1955年に設立した市民団体が「三浦半島自然保護の会」である。1959年から、「自然のたより」を発刊、神奈川県の三浦半島を中心に月例の自然観察会を継続して開催し、自然に親しみながら自然を理解し、自然保護の具体的活動や意見発信を行っている。

　同会はアメリカ合衆国のオージュボン協会をモデルに、破壊に瀕した地域の自然保護と、青少年やおとなに自然観察や自然調査を方法論とした自然保護思想の普及をめざした。同会の発足当時は、金田も柴田も教師をしていたが、横須賀高校生物部が縁で知り合い、互いの自然保護への考え方への共感から親交を深めていった。三浦半島自然保護の会発足当時の社会的背景としては、1950年代、京浜地帯の人口増加と首都機能集積に対応する観光などの利用・開発が三浦半島で進められていた。

　ある日、東京から著名な生物学者が、彼が主宰する団体とともにシダ採集会で三浦半島を訪れると知った金田は、三浦半島の自然の危機と自然保護教育の必要性を訴えたいと、勤務校の生物部の生徒たちと東逗子駅で一行を出迎えた。ところが、改札を出てくる団体の人たちは手に手にスコップを持ち、手当たり次第に植物を掘り取り始めた。これに怒りを爆発させたのが高校生たちだった。これを契機に、金田は独自の採集をしない自然保護教育を確立していくことになった。

　金田は横浜で生まれ育ち父親につれられて野外を歩きまわるうちに、野外遊び、生きもの好きとなっていった。東京高等師範学校の理科3部（生物クラス）にすすみ、のちの日本野鳥の会東京支部長となった高野伸二と同期生となった。自然保護をとり入れるためにと日本野鳥の会横浜支部の幹事を依嘱され、日本野鳥の会、日本鳥類保護連盟でも活動した。日本野鳥の会の『野鳥』に自然保護講座を連載執筆中の1973年、「開発に批判的なので会員が減

るからやめろ」という声に日本野鳥の会理事を辞任したというエピソードももつ。

　三浦半島自然保護の会において、金田と柴田は特に分業はせず、あらゆることに二人三脚で当たった。この活動から、林公義（前横須賀市博物館）、浜口哲一（前平塚市博物館長）らが育っていった。

　三浦半島自然保護の会発足当初から、金田・柴田は「採らない・殺さない・持ち帰らない」という採集否定を前提とした自然観察会を実施した。すなわち、自然を直接観ること、野外で体験をすること、採集をしないで観察をすること、観察内容は自然保護のために、生態学的な知識を得ることにした[16][17]。

　金田は非採集の方法論について、日本野鳥の会が行っている「とらないで識別できる技術」の応用として、標本では見にくくなる生物もある、採らずに見ていると、色々なものが見えてくる（たとえば、干潟で5分、じっとしているとあちこちの穴からカニが出てきて行動を見せてくれる。採集目的の者は待たずに穴を掘ってしまう）と語っている。図鑑は種類が豊富なほど売れるという情況に対して、鳥、虫、植物別ではなく、場所、環境別図鑑を作って普及に努力した。

　柴田は農林専門学校（高等農林、現・東京農工大学）獣医畜産学科を卒業した。動物をやりたかったので、入学の意志はなく、入試が終わって帰ろうとしたら野鳥研究会の看板があって、これだと思った。

　中学教師を4年やってから横須賀市立博物館へ移った。館長が世界を回ってイギリス流の博物館スタイルを実施、Conservation（保全）を理解・提唱して、フィールドとして分園を2つ（天神ケ島、馬堀海岸の内陸照葉樹林）もった。ここで天然記念物主義でなく、ありふれたもの（生態系）を重視する方向性を具現した。

　柴田は後に博物館を辞し、プロのナチュラリスト、コンサベーショニストを自称した。野外教育に関してもしばしば発言しているが、青少年には、スポーツエリート養成の部活ではなく自然にふれるプログラムと、人と自然に奉仕すること、ソロツーリングを体験することを提言している。

第1章　自然保護教育の歴史と展開

　金田も柴田も、自然は、われわれの生活基盤そのものであるといった科学的（空間的）把握と、自然は現在および将来の世代の共有財産であるといった社会的（時間的）把握とが普遍性の高い自然観として望まれるという考えを示している(18)(19)。この公共の倫理を掲げた点は、具体的な自然破壊や乱獲問題を突き付けられた経緯から生まれ、自然保護運動を経験したがゆえの到達点であろう。

　その後二人とも日本自然保護協会の中でも活躍し、特に1978年から自然観察指導員制度を発足させた。これには青柳昌宏、三島次郎らが共同して当たった。青柳は下泉重吉の直系の弟子であり、日本生物教育学会の編集担当も務めた。柴田の評では、天性の教育者で、「教師というラベルをつけて標本室に飾りたい」人であった。また、実体験していないことは教えられないと、ダーウィンの生家を訪ねたり、下泉の推挙を受けて南極観測に加わり、ペンギンの観察研究を行った。1973年に自然保護文献集をまとめ、1975年には自然保護教育の総説論文をまとめ、1970年代の自然保護教育の理論的柱をつくった(20)(21)。

　三島は、アメリカ合衆国の生態学者オダムのもとに留学して生態系理論を学び、日本自然保護協会の自然観察指導員養成プログラムでも、生態系保全の重要性を強調した。

5　東京教育大学野外研究同好会（野外研）と会員たち

　今はない国立の東京教育大学で、1956（昭和31）年4月に理学部生物学科のクラス担任になった印東弘玄教授がクラスの昼食会において、自然科学を学ぶには「フィールドワーク」が必要だと説いた話に品田穣などが共鳴し、東京教育大野外研究同好会（野外研）が1957年3月に設立され、筑波大学設置に伴い東京教育大学が廃校になった1978年まで継続した。野外研の足跡を、その20年史からたどってみる(22)。

　野外研の目的は、自然に興味をもつ人がお互いに勉強しながら、日本の自

然を美しいままに守ることにあった。主な活動は「山の自然科学教室」「高尾自然教室」「尾瀬ヶ原における裸地回復調査」であったが、特に前二者の活動の中で自然保護教育に多角的に取り組んだ。

　山の自然科学教室は、野外研メンバーの品田が当時の自然教育園次長鶴田総一郎に、「……既往の学術的な体系に基づいた自然のみかたでなく、もう一度素朴な人間の立場にもどして、極めて自由なありのままの眼で自然を見、自然に接してみることで、かえって自然の本質を、体験を通じて、間違いなくつかむことができるのではないか」と訴えたことを契機に、博物館学実習をお願いしていた長野県大町市立山岳博物館を拠点に、北アルプス八方尾根をフィールドにして1957（昭和32）年に始まった。

　以降、1966（昭和41）年に松代地震で第10回科学教室が中止されるまで年1回、北アルプスの自然を学ぶ活動が継続して実施され、毎回ほぼ中学生200名の参加者に対し、指導者は大学、国立自然教育園、大町の山岳博物館などから専門の先生が10数名、中学校の先生が10数名、そして野外研の学生が40余名、つまり中学生3～4名に指導者1人という充実した態勢で実施してきたこと、さらに学生がかなり主体的にこの行事を企画運営してきたこと等、当時としてはかなりユニークな活動であった。

　第7回の山の自然科学教室が終了した頃から、準備から実施まで大変な時間を要すること、期間は年1回4～5日と制約されていることなどから、野外研が求めている自然愛護思想の普及は充分に行われがたいという感じが強まり、また、参加の中学生に対しても、その後のアフターケアを行わなければ、本当のナチュラリストは育たないのではないだろうかという議論があり、そこで、もっと身近な自然を使って「ミニ山の自然科学教室」を実施して、より幅広く、自然を愛し大切にする子どもや大人を育てる活動をしようという試みが計画された。

　この試みは「自然教室」と呼ばれ、フィールドを東京都八王子市にある高尾山に移し、1964（昭和39）年4月から東京都立高尾自然科学博物館を拠点に開始され、1975（昭和50）年1月まで「高尾自然教室」という名称を冠し

第1章　自然保護教育の歴史と展開

て実施された。野外研OBの矢野亮が東京都立高尾自然科学博物館の学芸員になったことも活動をしやすくした。

　高尾自然教室は1970（昭和45）年以降、それまでのオーソドックスな生態学を基盤とした自然保護教育の実践から、子どもの自然体験を重視する方向に転換していった。その背景には、自然の中に連れ出しても、遊べない子どもの姿が顕在化してくるという時代の状況があった。

　その後間もなく、東京教育大学の廃校に伴う人員減が、野外で安全に自然体験を子どもたちに与えるという活動を不可能にしていった。一方で、主催者である高尾自然科学博物館の側でも、自然史の普及という博物館の使命に照らして、遊び主体の自然教室に批判が台頭してきた。その結果、自然教室は第32回（1975年1月）をもって終了ということになった。

　野外研で活躍した品田は、文化庁在職時、都市化による生物退行曲線を提示したり[23]、緑地の減少に伴い他の動物だけでなく人間も行楽という形で移動をはじめること、人々が視覚的に好む環境は原生林ではなく林縁的環境であること、またレクリエーション空間を江戸時代から都市膨張に伴い政策的に提供していたことなど、自然保護や都市環境問題に基礎的データを示した[24]。自然破壊に対して、単なる倫理的説得が成果をあげられないもとで、人間環境の重要性に科学的説得力を持たせる努力と言えよう。

　同じく矢野は高尾自然科学博物館から国立科学博物館附属自然教育園の研究員に転じ、動植物の自然史的データをまとめるとともに、自然観察路の評価など、環境教育の基礎的データ化に寄与している。

　野外研OBの新井二郎は、矢野のあと高尾自然科学博物館の学芸員を2004年3月の博物館廃止まで勤め、多摩地域の自然史研究の中心となるとともに、圏央道（首都圏中央連絡道路）建設に伴う自然破壊に対し、住民の自主アセスメント運動の支えとなり、高尾山のステークホルダーとしての役割を確立している。

写真1-1　観察会風景（イメージ写真）

6　「自然観察会」の取り組み

　新浜を守る会による東京湾新浜干潟埋め立て反対運動からうまれた「自然観察会」は1968年より、地域住民が地域の自然に関心をもち、地域の自然をみつめ、守っていくことをめざして、神奈川県と東京都で親子の自然観察会をつくっていった。現在にくらべ自然や環境保全に関する情報がほとんどもたらされなかった時代にあって、子どもを対象とした自然の観察は同行した親たちにも新鮮な感動をあたえ、また親子に共通の話題を提供した。なお、自然観察会という言葉も、この時期までに、三浦半島自然保護の会や「自然観察会」などのグループによって野外活動の呼称として使用された新造語である。ここでは、会報70号（『自然観察会15年史』1983年）[25]をもとに、活動にかかわった小川潔の体験からその足跡を追ってみたい。
　新浜を守る会の活動に参加した若者たちに、1968年春、「せっかく身近に自然があるのに、子どもたちがセグロセキレイの卵を取ってしまいます。鳥を見守るような指導をどなたかしていただけませんか」という手紙が、日本

鳥類保護連盟を経由して届けられた。これに応えた前川広司ら若者たちは、神奈川県厚木市の新興住宅地である緑ヶ丘団地で、親子の野外活動、緑ヶ丘自然観察会を1968年6月に立ち上げた。以降、2か月に1回の野外活動が1976年まで続いた。なお、神奈川県教員となった前川と緑ヶ丘在住の元親子らの手で、21世紀に入ってから緑ヶ丘自然観察会の同窓会活動が始まった。

「自然観察会」が1968年秋に、東京都調布市児童会館において、「まちに小鳥を」という展示を行ったのをきっかけに、同館の児童サークル活動「自然探検隊」が発足し、その指導も引き受けることになった。このころ、自然に関する16ミリフィルムを借り受けるために東京都フィルムライブラリーをたずねたとき、手続きに団体名と会則を要求された。そこで、活動の呼称であった自然観察会を団体名とすることになった。もっとも、命名の議論には数か月を要した。その中心的な論点は、自然観察会という名称は、いずれ広まって社会一般の人々が使うべきものであるという立場から、自分たちが独占的に団体の固有名詞にすることの是非であった。「自然観察会」のメンバーは固有名詞としながらも独占的使用はせず、事実、その後各地に○○自然観察会という地域名を冠した会が「自然観察会」とは無関係に生まれていったし、自然観察会という名称も今や一般名詞として通用するようになった。社会に通用し、慣用語となった言葉を商標登録して独占しようという風潮が目立つ昨今と比較すると、「自然観察会」のメンバーたちの活動に対する姿勢がよくあらわれている。

しかし「自然観察会」は、会則作成時にも自然保護を明確に位置付けられなかった。新浜の保護運動を経験していない会員も多く抱えるようになり、自然の中にいることが楽しくそれで満足してしまうこと、他方、自然保護それ自体の定義や内実を十分捕らえられないジレンマがあり、会の目的を「自然観察会の開催・運営を行い、かつ、自然保護を考える」と表現するにとどまり、自然保護団体と規定できなかった。

「自然観察会」はまた、自然探検隊の指導に対する調布市からの謝礼受け取りの是非についても議論を重ねた。そうした経緯を経て、謝礼なしの無償

ボランティアに徹し、活動の自主性を確保するため、「自然観察会」は2年半で児童会館での活動に終止符を打った。

このあと「自然観察会」は、調布市多摩川住宅と足立区竹の塚団地でそれぞれ生まれたくさぶえ会と竹の塚自然観察会の観察サポーターを引受け、一方で杉並区在住の会員が独自の杉並自然観察会をスタートさせるなど、メンバーの分散がすすんでいった。また多くの会員が就職して活動から離れていき、実動会員の減少が顕著になった。大学で学生を誘っても、目先の活動で内容がすぐわかる野草を食べる会には学生が集まるが、堅い「自然保護」を背負って活動の独自性を出せない自然観察会には参加者がなかった。学生気質の面で、60年代の大学紛争世代と70年代のポスト紛争世代のギャップを垣間見させられるエピソードである。

「自然観察会」はここで、各地の観察会のサポーターを個人の責任に任せ、会独自の活動を模索して第2期に入っていった。第2期の中心となったのは、第1期から引き続いて活動を続けた小川潔ら数名と、調布市児童会館の指導を引き継いだ当時の高校生グループのメンバーらであった。会の中心的活動は、それまでの経験を生かした自然観察会のリーダー養成活動と、他の自然保護団体との共同による自然保護ゼミと名付けた自然保護の学習会[26]になった。前者は他の団体で活動している人たちが研修として参加したが、「自然観察会」の新人を獲得する場にはならなかった。それで、日本自然保護協会が自然観察指導員養成を組織的に開始したことと入れ替わりに自然消滅していった。後者は、それまで課題のまま手がつかなかった自然保護の理念と実践をめぐり白熱した議論が重ねられ、のちに東京と周辺で自然保護運動の中核として活躍する人々の共通の意識とネットワーク形成に大きな力となった。ゼミを機に「自然観察会」に入会した竹崎靖一は、ほかの会員より一世代年長である視点から、運動団体・個人のネットワークとしての雑誌『人と自然』の発行を引き継いでいくとともに、自然保護問題を抱える場所や団体を訪ねて自然調査や啓発を支援する活動を「自然観察会」の中心に据えた。

ここまで、活動の中心を担った小川は、地域活動の重要性を身をもって実

第 1 章　自然保護教育の歴史と展開

現するため、居住地である都心の上野で「しのばず自然観察会」を1975年に立ち上げていたが、就職を機に、地域活動に重心を移し、「自然観察会」から遠ざかっていった。もうひとり、活動の中心を担った川藤秀治は、理科の教員免許をとりながら、あえてアフターファイブが保障された学校事務に就職して、「自然観察会」と「しのばず自然観察会」の中心を務め、折から起こった圏央道建設反対の運動でも活躍し、特に野外活動の指導や資料作成に能力を発揮したが、志半ばで病死した。やがて竹崎を中心にした活動も高齢化して野外学習的色彩が強くなり、21世紀に入るのを機に独自活動を事実上停止した。

　ところで、1970年代になると「自然観察会」のあとを追うように、各地で自然保護や生活空間を確保する運動の中から、次々と自然観察会が生まれた。小川はそれらの性格について、必ずしも一般的な生態学的知識の普及を絶対目標にしないこと、地域の自然を知り、地域の自然とのつきあいを深めていくというかたちをとっていること、破壊されつつある自然、都市のなかで育てていく自然、あるいは人の手が入らなくなった農林地に人びとが今後どうかかわっていくのかを、教科書なしで、むしろその活動が後世の教科書となるようなかたちで、活動のなかから模索していることを指摘し、自然だけを野外から切り出して観察するのではなく、自然が存在している地域を人間社会や文化もふくめて総体として観察対象とするスタイルをとる活動もふえていると評している[27]。

　「自然観察会」では小川、川藤、竹崎らが中心となって、環境問題の一端が自然保護であり、本質的に公害問題と連続するとの認識をもち、自然史や生物的自然だけでなく、物理的、化学的環境測定調査にも取り組み、公害反対運動とも共同する道を選んだ。ここでは、下泉や金田らの自然保護教育が、理屈の上では公害を自然保護と一体ととらえても、具体的自然保護教育活動の枠組みや意識のなかでは別物として存在したのと大きく異なる点だった。

　小川の目は、「自然観察会」発足当時から、現在の環境教育が目指すように、自然科学的な側面だけではなく社会的側面としての地域社会を構成する様々

な要因を見ようとしていることがわかる。これも、人の生活か鳥の保護かという対立軸を突き付けられて新浜の干潟を守れなかった苦い経験から身につけた視点だといえるのではないか。

7　自然保護教育のさまざまな取り組み

　自然保護教育の範疇に入るものには、前述の流れのほか、独自の活動も各地・各方面で起こった。自然科学の知識普及が自然保護教育の基礎だと主張する研究者は少なくないが、自然保護の基礎としての野外自然の学習を位置付けて一般大衆を対象とした啓発活動の実践は、ごく一部の科学者によって行われてきたと言ってよいだろう。その例としては、小泉武栄はNPO法人山の自然学クラブを主宰して自然史理解を目的とした講座やフィールドワーク活動を実施しているし、小川潔がまとめ役をしている南関東のタンポポ調査実行委員会や木村進・高畠耕一郎らによる近畿のタンポポ調査、あるいは平塚市博物館で浜口哲一が長く手掛けてきた地域の自然と生活文化調査も、市民による調査を通した自然の見方の教育実践と位置づけることができる。

　三浦国彦の自然保護教育は、自然史を正面から扱おうとした。北海道という土地で、地形形成とその上での生物の営みというスケールの大きい歴史時間を題材として地域を認識するものであり、小泉以外の日本の自然保護教育の視点から抜け落ちていた部分であった[28]。三浦は大学の専任研究者ではないが、大雪山の自動車道路反対運動の中で自然保護教育を実践し、自然史スケールの教育の重要性を感じて、自然保護団体から独立したアーシアンクラブ旭川を設立し、定年を待たずに教員を辞して子どもたちへの自然史教育に打ち込んだ。しかし、クラブ発足間もなく、病死してしまった。

　自然と人間との歴史的関係を強調した自然保護あるいは教育論は、守山弘や山岡寛人にも見ることができる。守山は都市のなかでの森づくりから始まり、特に農業という人為が加わった環境のもとでの動植物の生き方について注目し、ビオトープの先駆け的実験研究を行うとともに、人間活動が絡んだ

第1章　自然保護教育の歴史と展開

自然史の重要性を示した[29]。山岡は理科の教員としての教育実践の上に、都市に残る地形の生い立ちなど身近な自然から世界の自然、また人類史と自然の改変などに注目した原理的なところからの自然保護論を展開している[30]。

一方、小原秀雄は野生動物保全の視点から自然史教育の重要性を主張してきた。その要点は以下のとおりである[31][32]。野生動物は種によって異なるだけでなく、生活場所によって独自の存在様式を持つ。ところが、野生生物保護は日本では、経済的利益（資源）と感情の対立という図式で扱われてきた。野生生物として認識をする西欧との対比が明瞭であり、これは日本における自然史教育の欠如という文化的背景の差異から来ている。また、人間の生物としての部分の切り捨て（忘却）への懸念を、自然喪失と文明化された環境は、形成される人間の思考を限定的にする、品質管理された発想と、行動・人間間接触の単純化を招くとして、環境問題が持つ人間性喪失に警鐘を鳴らしている。彼はまた、「社会化された自然」という言葉で、人間の影響を受けていない自然はもはや地球上にはないと発信し続けてきた。

小原とともに野生生物保全論研究会を担っている岩田好宏は、長く高等学校教員として生物学・生態学教育を実践してきた。彼の保全教育論は以下のとおりである[33][34]。岩田は、他者の論の発見、他者の理から他者をみる、自分を他者の理からみるという共存を大事にした。それは、自分を大切にする意識と、社会的他者意識の確立を意味する。その到達点は、「アメリカシロヒトリ」の生活という授業で、害虫というイメージから離れて生き物として虫を見る、駆除対象としてだけでなく、生きてほしいと思う視点を導いた。また、悲しみや憤りを感じる段階を超えて、野生生物の生活や危機の実態、それらをめぐる社会問題、保全への試みなどを知る必要性を主張している。彼はさらに、生物からヒトになり野生生物世界から離脱した人類が、激しく破壊される野生生物世界を目前にして地球規模での相互関係に気づき、野生生物世界の理を明確に意識したときに野生生物保全思想は生まれたので、それは自然に身につくものではなく、教育の中でしか学べないとの認識に立つ。野生生物の学びは、子どもの発達上も重要として、野生生物保全教育は、子

どもの成長・他者認識の育成、人類滅亡の後の生物世界にまで責任を持つという教育課題を含んでいると位置づけている。

　小原や岩田が率いる野生生物保全論研究会は、ワシントン条約締約国会議に国内唯一の自然保護派NGOとしてオブザーバー参加し、絶滅に瀕した野生生物の商取引抑制に向けてロビー活動や法制度対策を担うとともに、アジア・アフリカの現場における住民や自然保護NGOの生活・技術支援を行い、国内では動物園と連携して野生動物とその生息環境の保全をテーマとした普及啓発活動などを続けている。また、同研究会理事の羽山伸一は、野生生物の生態や個体群研究という自然科学的貢献とともに、対馬におけるツシマヤマネコ保全のための現地ワークショップを仕組んだ。これは、研究者だけでは解決はないと、IUCNのPHVAワークショップ手法による動物の野生復帰事例を模して、対馬におけるツシマヤマネコ保全のために、子どもから行政担当者まで多様な人々の参画を実現した、政策発想型の環境保全・まちづくりの側面を持つ活動である[35]。

　本章では、自然保護教育にかかわった人たちのすべてを網羅することはできなかった。たとえば、環境教育の骨格をつくるのに貢献した福島要一、沼田眞、本谷勲、丹沢自然保護協会の実践者である青砥航次、ユニークな児童教育を実践した黒田弘行、笠井守など。それに尾瀬や福島の自然とその保護の教育に尽くした教員・星一彰をはじめとして各地で実践されてきた自然観察会や自然保護運動の担い手たち、教員、社会教育担当者など、多くの人々の力が自然保護教育を形づくり豊かなものにしてきたことを忘れてはならない。

謝辞
　本稿執筆中の2007年7月28日に、金田平氏が亡くなった。本章の共同執筆者である小川と、互いに近いうちにまた語り合おうと言っていた矢先のことだった。本章は、金田平氏よりのヒアリング（2000年9月14日）と柴田敏隆氏からのヒアリング（2007年10月9日）に負うところが大きい。また、湊秋

作氏からのヒアリングも重要な情報源となった。西村眞一氏には、多くの助言と著書からの要約を快諾いただいた。記して謝意を表したい。

注
(1) 小川潔「日本における環境教育の流れと問題点」(『環境情報科学』11 (4)、1982年) 6～10ページ。
(2) 沼田眞「生態学からみた環境教育」(伊東俊太郎編『環境倫理と自然保護』朝倉書店、1996年) 138～147ページ。
(3) 鈴木善次『人間環境教育論』(創元社、1994年) 163～170ページ。
(4) 鈴木善次「環境教育の現状と問題」(伊東俊太郎編『環境倫理と自然保護』朝倉書店、1996年) 148～160ページ。
(5) 新田和宏「持続可能な社会を創る環境教育」(開発教育協会編『持続可能な開発のための学び：別冊開発教育』、2003年) 22ページ。
(6) 朝岡幸彦「「環境教育」概念の変容と五つの潮流」(朝岡幸彦編『新しい環境教育の実践』高文堂出版社、2005年) 22ページ。
(7) 福島達夫『環境教育の成立と発展』(国土社、1993年) 224ページ。
(8) 青柳昌宏「自然保護教育の歴史と現状、今後の問題」(『日本生物教育学会紀要1975』、1975年) 1～32ページ。
(9) 小川潔「自然保護教育論」(『環境情報科学』6 (2)、1977年) 63～69ページ。
(10) 伊東静一・小川潔「自然保護教育の成立過程」(『環境教育』18 (1)、2008年) 29～41ページ。
(11) 下泉美冬『自然に学び、自然に従い雑草のように力強く』(財団法人科学教育研究会、2003年) 207ページ。
(12) 下泉重吉「自然保護教育をどう考えるか」(『自然保護』(123)、1972年) 6～7ページ。
(13) 西村眞一「日本野鳥の会創設者「中西悟堂」」(自然体験学習実践研究会編『自然体験学習実践の地域指導者』ネイチャーゲーム研究所、2007年) 115～119ページ。
(14) 中西悟堂『野鳥開眼』(永田書房、1993年) 18～20ページ。
(15) 小林照幸『野の鳥は野に』(新潮社、2007年) 37～38ページ。
(16) 金田平「生命尊重としての生物教育」(『生物教育』8 (1～3)、1967年) 8～11ページ。
(17) 柴田敏隆「「自然のたより」と私」(『人と自然』(1)、1976年) 63～68ページ。
(18) 金田平「自然保護概論」(『自然保護』(123)、1972年) 8～9ページ。
(19) 柴田敏隆「自然保護教育のあり方」(福島要一編『自然の保護』時事通信社、1975年) 168～186ページ。

(20) 青柳昌宏「自然保護教育文献リスト（1）」（『生物教育』14（1）、1973年）5〜7ページ。
(21) 前掲注（7）。
(22) 東京教育大学野外研究同好会『自然保護教育のこころみ―野外研20年の足跡―』（東京教育大学野外研究同好会、1983年）。
(23) 品田穣『東京の自然史』（中公新書、1974年）200ページ。
(24) 品田穣・立花直美・杉山恵一『都市の人間環境』（共立出版、1987年）265ページ。
(25) 自然観察会「自然観察会」会報70号（『自然観察会15年史』、1983年）1〜51ページ。
(26) 小川潔「自然保護ゼミより」（『自然保護』(159)、1975年）24〜25ページ。
(27) 小川潔「野外観察会のあゆみと方向性」（小原秀雄ほか編『環境教育事典』労働旬報社、1992年）604〜610ページ。
(28) 三浦国彦『自然保護教育のすすめ』（あずみの書房、1988年）130ページ。
(29) 守山弘『自然を守るとはどういうことか』（農山漁村文化協会、1988年）260ページ。
(30) 山岡寛人『自然保護は何を保護するのか』（ポプラ社、1994年）204ページ。
(31) 小原秀雄「環境教育に期待するもの」（『環境教育研究』1（2）、1978年）3〜12ページ。
(32) Hideo OBARA "The human future depends on whether we can save the dolphins or not" 1981（環境教育のなかでの自然史的理解の重要性―大型哺乳類の保護をめぐって），M. Numata (ed.) "Environmental Science Education at University Level", I, pp.68-74.
(33) 岩田好宏「野生生物保全教育とは」（小原秀雄ほか編『野生生物保全教育入門』少年写真新聞社、2006年）6〜45ページ。
(34) 岩田好宏「おわりに―これからの課題」（小原秀雄ほか編『野生生物保全教育入門』少年写真新聞社、2006年）244〜247ページ。
(35) 羽山伸一「現場で求められるプロの「守り手」」（『野生生物保全』(51)、2007年）1〜7ページ。

第2章　自然保護運動と地域の学び

第1節　「多摩川の自然を守る会」の活動に見る自然保護教育の成果

1　多摩川の自然を守る会

（1）多摩川の自然を守る会の設立

　多摩川の自然を守る会が誕生した経緯は、東京都福生市地先の多摩川河川敷（現福生市南公園）で、公園・運動場造成計画反対の自然観察会が開かれたことから始まる。1969（昭和44）年11月、公園・運動場予定地周辺で野鳥観察をしていた一人の女性から、野鳥の生息地を守ろうとの呼びかけが発端となり、「野鳥の渡来地として多摩川流域でもきわめて重要な場所であったことから、日本野鳥の会の会員の中から抗議の声があがった。そして、その声は日本自然保護協会、東京教育大学生などの有志に広がり、反対運動が起こった。この運動がきっかけとなり、翌1970年2月8日に多摩川の自然を守る会が、狛江において結成された」[1]と、『多摩川の自然を守る』に明記されている。

　公園・運動場造成計画地周辺は、多摩川と秋川との合流点で昭和用水堰が設置され、当時の昭和用水堰は広い水面に淡水系のカモ（オナガガモ・ヒドリガモ・ハシビロガモ・オカヨシガモ・コガモなど）が多く越冬し、河川敷には現在では絶滅危惧種であるカワラノギクが広範に群生し、広大なヨシ原もあり多様な自然環境が残っていた。

　公園・運動場設置反対運動が起こったにもかかわらず、河川敷は造成され

図2-1-1 「多摩川の自然を守る」多摩川流域略図

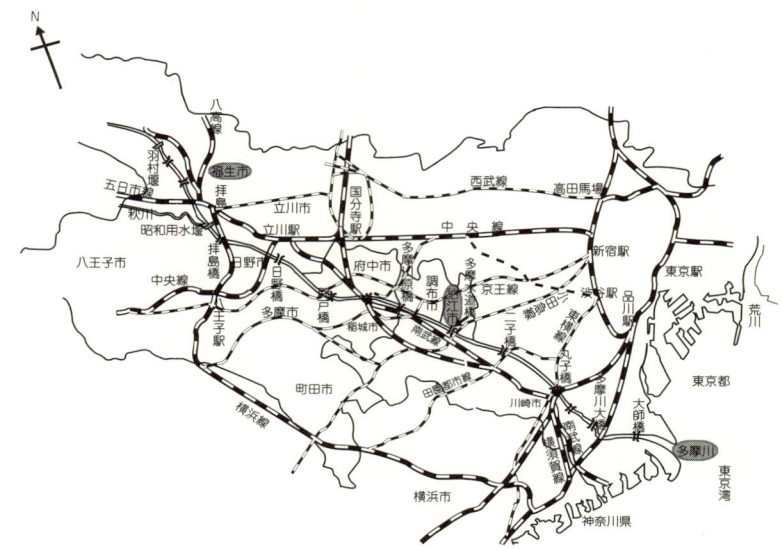

注：三省堂新書（1973年）を参考に筆者が作図。

てしまい自然を守ることはできなかったが、この運動がきっかけとなって多摩川の自然を守る会が結成され、身近な自然を守ろうとする運動が始まった。

多摩川の自然を守る会初代代表の市田則孝は、「自然保護が、人間のために考えるものならば、われわれの日ごろの生活環境の中にある自然、身の回りの自然こそ、いちばん先に守らなければならないと考えてのことだった」[2]と述べているように、身近な自然環境への注視、地域住民（生活者）からの視点を基に自然保護を語っている。

市田は「大都市を流れていながら、さまざまな動物が訪れ、四季おりおりに花の咲き乱れる都市河川は、今まで開発の盲点であり、都市住民の数少ないいこいの場であった。このいこいの場を守る――それが多摩川の自然を守る会の目的であった」[3]と、会の目的を『多摩川の自然を守る』に明記している。

多摩川の自然を守る会が生まれた社会的背景には、1962年に閣議決定された「全国総合開発計画」、同じく1969年に閣議決定された新全国総合開発計画によって、地域間の均衡ある発展、豊かな環境の創造を名目とした拠点開発や新幹線や高速道路のネットワーク整備など、日本全国が開発の波に洗われているという状況があった。

　人々の暮らしや健康の維持に配慮に欠ける開発優先政策が、結果として日本各地で公害を生み、被害を受ける住民の側に、身近な生活環境を自らの意思と行動で守るという意識の高揚、公害学習・開発反対運動が盛んになっていた。

　多摩川の自然を守る会は一人の住民の呼びかけがきっかけとなって生まれた。当時の建設省や地方自治体による一方的な開発や計画に対し、身近な生活環境を守るために住民自らが行動せざるを得ないという、当時の社会的・政治的未成熟な背景をみてとることができる。

（２）多摩川の自然を守る会の特徴

　明治中期以降、多摩川の砂利は東京や川崎などの都心の建築材として利用され、特に関東大震災以降、コンクリートの材料として多摩川の砂利は大量に採取された。そして、戦後も東京オリンピック（1964年）を目指して、様々な施設の建設（高速道路や競技場など）のため多摩川から大量の砂利が採取され、同時に砂利洗いのため水質は悪化していた。

　オリンピック終了後も日本全国で開発が進んでいたが、東京都狛江町（現狛江市）の多摩川沿いに住んでいた主婦の横山理子は、「1970（昭和45）年夏のある日、自宅の前の堤防で突然草刈り機の音がするのを聞き、驚いて外に飛び出し、そこではじめて東京都建設局が多摩川左岸沿いに、自動車道路を建設する計画をもっていることを知った」[4]。

　横山理子たち狛江の一部の住民は、道路公害を心配し道路建設に反対する人々を結集することの必要性を確認し、9月20日に多摩川沿い道路建設に反対する会を結成した。さらに、東京都知事や狛江町議会に陳情書や請願書を

提出するとともに「多摩川を救え住民大会」を開催、チラシ8,000枚を町内に配布するなど活発な運動を展開した。そのことがきっかけとなり、横山理子たち狛江住民の一部は、さらにくわしく多摩川のことを知ろうとして、活動を始めたばかりの多摩川の自然を守る会に入会した。

横山理子たちが多摩川沿い道路建設に反対する会を結成した当時は、四大公害裁判（1967～1973年）の最中でもあり、自動車道路建設による公害を心配した住民の運動は当然の社会的背景をもっていたと言える。

「その結果、前述のように、多摩川の自然を守る会は住民運動としての特色をもった自然保護運動を展開することとなった」[5]と『新多摩川誌』に述べられているように、多摩川の自然を守る会の初期1971年～1973年の間には、横山理子たちは狛江町や建設省関東地方建設局京浜工事事務所（現国土交通省関東地方整備局京浜河川事務所）といった地方自治体や河川管理の当事者と頻繁に話し合い、自動車道路建設反対の要望書・請願書や陳情書を提出し、また弁護士会との打ち合わせや東京都知事と話し合いを持ち、都民集会や「狛江町民の集い」に積極的に参加していた。

道路建設反対運動を始めた当初はPTA関係者の運動であったが、生活者である主婦たちが、身近な自然に対する価値を単なる自然空間というだけではなく、また個々の趣味や関心に基づいて守りたい・利用したいといった個人的要求を超えて、暮らしにとって必要不可欠な生活環境の一部として、多摩川とその周辺の環境を「まとまり」として保護しようとした運動が、この時代の多摩川の自然を守る会の活動であると言える。

このことは、生活環境と自然環境の双方を一つのものとしてとらえ、普通の市民が生活者の視点から必要不可欠な存在として多摩川を位置づけたこと、そのための運動が地道に地元の自治体や東京都・建設省に、あらゆる方法で働きかけた手法そのものが、「住民運動型自然保護運動」と呼ばれるようになった。そのことが、多摩川の自然を守る会の活動の最大の特徴と言えるのではないか。

（3）多摩川の自然を守る会の「多摩川教育河川構想」

　多摩川の自然を守る会は、発足以降、定例の自然観察会を実施し『緑と清流』という機関誌を定期的に発行した。地元の自治体への請願や陳情、そして東京都知事や東京都の部局との話し合いだけではなく現国土交通省関東地方整備局京浜河川事務所との話し合いなど、発足から数年の間は、短期間に多くのことを精力的にこなしていた。

　特に、1972年９月、多摩川の自然破壊防止に関する請願が東京都議会で採択されたが、その要旨は、「(1)河川敷内の造成工事を中止する、(2)多摩川の自然を利用した教育を推進する、(3)レクリエーションのための自然公園にする、(4)多摩川の自然保護行政の窓口をひとつにする、(5)条例による多摩川の自然保護を住民参加を得て推進する[6]」、というものであった。

　この請願が東京都議会で採択された背景には、前年の1971年に政府内に環境庁（現環境省）が新設され、日本の環境行政に本腰を入れて取り組む機運が高まっていたことや、1972年にストックホルムで第一回国連人間環境会議が開催され、「地球環境の政治・社会・経済的な問題の改善に向けて行動を起こすために、政府間で議論された最初のものとなったことがある。ストックホルム会議の目的が『国連内で人間環境の問題を包括的に検討する基礎づくり』であり、『各国の政府や世論にこの問題の重要性を訴えること』にあった」[7]ように、身近な環境汚染に対し、人間らしく生きるための環境全般に対する世界中の関心が高まっていたことも影響があったと考えられる。

　そのような中で、多摩川の自然を守る会は上記の請願書の中で「(2)多摩川の自然を利用した教育を推進する」としているが、具体的には、「小・中・高校生のために自然教室・教材にするために、多摩川を教育河川に指定し、専門家による維持管理を通じて、自然の姿を保持しながら積極的に利用する方策を立てること」[8]としている。

　この請願は、「その後制定された東京都の『自然の保護と回復に関する条例』の中で、新設の自然環境保全審議会委員に自然保護団体代表を加える、多摩川を自然環境保全地域指定予定地に組み入れるなどその成果は現れたと言え

よう」⁽⁹⁾、と評価されている。

　その具体的なカリキュラムや学習材料としての多摩川の利用の仕方、広大な河川敷を含む利用のルールやマナーについてはどうあるべきなのか？　といった、いくつかの視点からも「多摩川の教育河川構想」を生み出した。その内容は注目できるものである。

　多摩川の教育河川構想については、「多摩川に生きる（横山理子著作集）」に詳述されているが、概要としては多摩川を教育河川に指定して、保護と管理を加えながら東京や川崎の都市住民に有効に利用してもらおうとする計画である。

　特徴としては、広範囲にわたる多摩川水系を総合的に保護管理するとともに、教育的利用を進めるものとして『多摩川自然教育センター』を設ける必要があると考えたことである。

　そして、そのセンターの機能としての内容は、下記のように記されている。

(1)自然環境調査を密度高く行い、保護と管理と利用のための対策作り。
(2)環境教育の場と指導者の紹介と実際の指導。
(3)自然観察園を設け、一般の人たちに自然教育の実践、自然保護の啓蒙活動。
(4)指導員の養成機関を設けて、知識と技能を身につけた指導員を養成する。
(5)全国規模の自然保護セミナーを実施し、指導員の資質の向上を計るための活動を行う。

　また、自然教育センターに、管理棟、セミナーハウス、指導員養成所と研究室、展示室・観察室・資料館などの設置を考えていた。

　この構想は、多摩川の自然を守る会の具体的目標としてまとめたものであり、自然保護運動の理念も地域住民運動の願望や行政当局への要望なども含まれている。

　教育河川構想が考えられていた当時、多摩川の自然を守る会の観察会で「リーダー」をつとめていたのは20名を超えていたが、すべてボランティアで実践していた。その内訳は社会人、大学院生、大学生、高校生などであったが、自然を相手にして働く場がないために学校卒業とともにリーダーを辞めてい

くことになり、こうした意欲ある人材を確保するためにも自然教育センターが求められたが、当時は実現できなかった。

　この教育河川構想を生みだしてきた背景には、住民運動で培われた行政との粘り強い交渉、自然観察で得た多摩川流域の広域的で系統的な知識、そして継続して観察・学習する活動の中から生まれてきたデーターを背景とした確固たる事実であった。そして、これらの学習を積み重ねることを単に個々人の中に蓄積するだけではなく、市民・事業者・行政に理解を広げようという活動は、各セクターを超えた共有財産となっていった。このように、教育河川構想を生み出した力を、自然保護運動の教育力と表現できるのではないだろうか。

2　環境パートナーシップの構築

(1) 環境パートナーシップとは

　川崎健次は、パートナーシップとは「市民と行政が共通の目標を実現するために、対等の立場と公開の原則のもとで、情報を共有し、相手を尊重し、違いを認め・活かしておこなう活動である」[10]と著書の中で述べている。そして「環境パートナーシップ」について高橋秀行は、次のようにより詳しく記述している。

　「市民、市民団体、事業者、行政など地域を構成する活動主体が対等な立場役割を分担し、相互に協力・連携しながら、身近な地域の環境問題から地球環境問題にいたるさまざまな環境問題に取り組む『関係』を築くとともに、こうした『関係』を基盤にして『共同事業』をおこなうこと」[11]

　このように「環境パートナーシップ」は、環境問題に関して地域を構成する各主体（市民、市民団体、事業者、行政など）の連携した取り組みをさすが、市民が行政とパートナーシップを構成するために、森清和はさらに**表2-1-1**のように合意形成に至るステップがあると指摘している[12]。

　表にも記述されているように、市民自治を実現するには、市民の創意が合

表2-1-1　行政計画における合意形成の6段階

1	上意下達	計画の押しつけ	合意形成とは言えない
2	財産利害調整	計画の修正	
3	利害関係者調整	修正計画＋ボーナス	歩み寄りの合意形成
4	環境関係者調整	最善計画（ミチゲーション）	（トラブル回避型）
5	パートナーシップ	多様な選択肢＋計画プロセス参加	市民の創意が生かされる
6	市民自治	市民による計画立案	合意形成

意形成され、それをもとに計画が立案される段階が重要である。

　今日、身近な地域の環境問題から地球温暖化への具体的対処に至る様々な課題に対し、地方自治体が単独で解決・解消するには、財源・担当職員のノウハウ不足のため実質的に無理な場合が多いと思われる。課題の解決・解消のためには、地域の自然保護団体・環境保全活動団体、あるいはNPO法人などが持つノウハウと、行政が持っている予算や権限などお互いが連携を基にパートナーシップを構築し対応せざるを得ない状況にある。

　本来のパートナーシップ論は、単なる行政の下請け・民営化論を超えて市民自治の担い手を生み出し、直接公益を担うような市民セクターが生まれるということを想定している。

　その意味で、行政の財源不足を理由とした低委託料の仕事を無批判的に引き受けてしまう単なる下請け業ではない。また、民間委託・民営化でもなく、計画の段階から市民自治の担い手として自立した市民が中心の団体と行政による、対等な立場で話し合いができる体制ができれば、以下に記述するように、多摩川の自然を守る会が実践したパートナーシップが構築できるだろう。

（2）二ヶ領用水宿河原堰改築工事にみる環境パートナーシップ

　1990（平成2）年、多自然型川づくりを推進する通達（「多自然型川づくり」の推進について（平成2年11月6日建設省河治発第56号、建設省河都発第27号、建設省河防発第144号））が出され、多摩川においても水衝部を護岸で固めるのでなく、水制を利用して多様な河床形状を生み出そうとする計画が新しく採用されてきた。また、自然度の高い河川を保全するという新しい理念

を実現するためには、それを支える技術体系も進歩させる必要があり、河川工学上の複雑な形状の河道における流れや水制の周辺の流れ、中州や高水敷の植生周辺の流れなどを、詳しく再現できる数学モデルが必要となってきた。

　そして、1994（平成6）年、建設省は環境政策大綱を定め、河川行政においても積極的に環境を取り込むことを定め、1995（平成7）年9月に河川審議会が河川行政に対し「生物の多様な生息・生育環境の確保」「健全な水循環系の確保」などを積極的に取り入れることを答申した。

　これらの動きに対応して、多摩川においては灌漑期にだけ実施されていた羽村堰から下流への毎秒2トンの放流を、1994（平成6）年から年間を通じてこれを行うことに変更された。この決定には、当時の福生市長や助役が東京都や建設省に頻繁に足を運びお願いしたという事実もあるが、環境政策大綱の変更が大きな背景であったことは明らかであろう。

　また、1990年代の河川行政では、河川敷の利用などに社会的な関心が高まっていることを考慮し、河川を利水や治水といった河川工学的な機能を追求するだけでなく、総合的な流域での管理を目的の一つに加えるといった考え方に変化したのではないか。そのことは、地域の意見反映が重要と考え、市民参加を重要な課題とするような転換を促した。

　これら河川管理上の変更は、身近な自然空間としての河川敷の利用や歴史的な建造物、あるいは歴史と文化を育んできた環境用水などへの関心が高まっていることが背景にあったといえる。また、これらの社会的な関心の高まりが1997年の河川法改正に大きな影響を与えたのではないかと思われる。

　1997年の河川法の改正では、あいまいさや未成熟な部分があるとの指摘はあるにしても、「環境対策や市民参加が公共事業関連では、はじめて法的に義務づけられ、環境は治水や利水と並んで法の目的になった」[13]と指摘があるように、環境が法の目的となった部分には、大いに注目してよいのではないか。

　さて、上記のように河川敷の利用や環境用水への社会の関心が高まってきた中で、建設省は、二ヶ領用水宿河原堰改築工事での地域住民・自然保護団

写真2-1-1　二ヶ領宿河原用水堰

体・行政による、新たな協働の形（パートナーシップ）による、事業を実施した。

　1995（平成7）年に開始された二ヶ領宿河原用水堰改修工事は、4年余の年月を掛けて1999（平成11）年3月に完成した。この二ヶ領宿河原用水堰改修工事はいくつかの点で多摩川における「パートナーシップのいい川づくり」の原点となる大きな意義を持っていると言われている。

　二ヶ領宿河原用水堰改修工事の経緯としては、建設省が1974（昭和49）年の多摩川水害を踏まえ、治水上問題のある固定堰を撤去し代わりにもっと頑丈な新しい堰を作る必要があると判断し、建設省がこの堰の改築を立案し堰の所有者である川崎市に迫った。

　当時、建設省河川環境保全モニターを務めていた矢萩隆信と柴田隆行は、1994年5月に堰の改築計画について知らされ意見を求められた。その後川崎市から情報を得た川崎市内の市民団体がこの問題を取り上げ建設省に説明会

を求めた。そして説明会の席上具体的な計画が公開されて以降、建設省は計画の全体を川崎市・狛江市の市民ならびに自然保護団体に提示し、堰改築計画そのものは絶対に撤回できないが、その仕様や工事方法等については市民の意見を聞く用意があるとして、頻繁に説明会や話し合いの会が開かれるようになった。

　二ヶ領宿河原用水堰の全面改築にあたっては、多摩川が「魚の上がりやすい川づくり推進モデル事業」の第一次指定河川であったため、特に魚道に関わる事項の検討に参加した魚類研究者の君塚芳輝によれば、従来二ヶ領宿河原用水堰は、二ヶ領用水組合が農業用水を取水していたが、水利権者である農家がいなくなり、「農業用水である二ヶ領用水を川崎市が管理する『準用河川二ヶ領用水（法的河川）』に指定し、その維持用水を取水するために川崎市長が水利権者となって建設省と川崎市の負担で新たな取水堰を建設するという名目を設定し、建設することになった」とのことである。[14]

　君塚によれば、第一回の会合は休日の昼間に旧堰左岸の堤決壊地点の堤防下で、京浜河川事務所の職員が古新聞を持参し、青図一枚を中心に土の上にみんなで車座になって話し合ったとのことである。

　一方、「平成5（1993）年5月28日、建設省は『多摩川河道検討委員会』を設置、堰管理者の川崎市、河川管理者の建設省京浜工事事務所、大学など関係機関や地域住民団体の方々などと、2年間に9回の委員会を開き、二ヶ領宿河原堰の改築方法などの検討をくり返しました」[15]と京浜河川事務所のホームページに記載されていることから、狛江水害訴訟が結審した1992年以降、水害の原因になった堰についての検討を始めていたと考えられる。

　二ヶ領宿河原用水堰については、洪水時の流水阻害を無くす点では固定堰を撤去し、完全に可動堰とすることに変更した意義は高い。また、新しい堰の特徴として、農業用水施設としての役割を終えた施設を、新しく河川管理施設として正式に位置づけたことである。

　時代の変化、社会的要請に応じた位置づけに変更したものであり、柔軟に適応できた例であるとも言える一方、「農業水利権が消滅したのに堰改築を

認めたことは、新しい堰を造ることと同じではないか」と強い批判もあった。
　また、君塚によれば、堰の改築をしなくても取水塔方式による取水、伏流水の取水などの方法で、堰の全面改築よりはるかに低コストで用水の維持が図れることが、内部資料として判明していたことが、後にわかったとのことである。
　この実践例については、京浜河川事務所は市民・自然保護団体との協議を経て内容を作成してきたことを高く評価している。
　二ヶ領せせらぎ館を設置し、市民運動の拠点として運用を始めたことは特筆できる。この二ヶ領せせらぎ館は、国土交通省所有の建物ではあるが川崎市が管理・運営し、運営の内容は市民と川崎市とからなる運営委員会が決めることになっている。現在、この二ヶ領せせらぎ館の管理をしているのはNPO法人多摩川エコミュージアムであるが、京浜河川事務所も「市民と行政のパートナーシップですすめている『多摩川エコミュージアムプラン』の運営拠点施設・情報発進センター」として位置づけている。

3　パートナーシップから環境ガバナンスへ

（1）自然保護団体の教育力

　多摩川の自然を守る会の自然保護活動実践をふり返ると、地域の自然の成り立ちと仕組みや働き（生態系）などを、自然観察や調査活動を丹念に積み重ねる学習によって現状とその課題を明らかにしてきた。そして、生活者としての視点から自然環境と生活環境の関係を学び、現在の課題の解消のための行動として、行政への請願・陳情といった直接的行動の他、地域住民対象の学習会の開催やアンケート調査などを実施して住民の意思を合意形成し、その創意を基に構築した地域の環境ビジョンを提言してきた。
　また、あらゆるセクターとも話し合いのチャンネルを作り出し、合意形成にいたる地道な活動が多くのセクター間の信頼を生み出すことができたこと、住民としてその責任を「参加」という形で実践する活動が、国や地方自治体

からパートナーシップの相手として認知されたといえるのではないか。

多摩川の自然を守る会の中に環境パートナーシップを生み出すだけの力を培ってきたのは、地域住民による地域文化の創造への意思と責任ある参加・行動という視点・姿勢が重要な要素の一つであることが分かった。しかし、環境パートナーシップを生み出すだけの力を培ったとしても環境パートナーシップは簡単に構築できるというものではなく、豊富で多様な経験を積み重ねた観察記録や調査データの情報提供だけでもない。多くの意見を調整し「清濁併せ呑む」といった具体的で柔軟な対応力などから構築されるだろう。

こうした環境パートナーシップを生み出す力を持つ自然保護団体の実践には、地域住民として（主権者として）の意識を獲得する学びに容易に発展し得ること、個人と組織、あるいは組織と組織の間で話し合いや保全活動などの実際の野外での共同作業体験などから、体験を通して合意形成に至る営みを学ぶ要素を見いだせる。

このような作業を伴った体験は、一方では多摩川流域の広範な自然の状態を生物の側面から、そしてもう一方では多摩川をいこいの場として利用する地域の住民・市民という生活者の側面からの、双方を統合したゆるぎない基本的な視点を個々人の中に生み出す必要不可欠な学習の可能性がある。この学習の可能性を系統的で継続的な活動とする団体を、教育力のある団体といえるのではないか。そして、このような団体が市民の創意が生かされる合意形成を実践でき、パートナーシップを構築できる団体といえるのではないか。

（2）自然保護活動から環境ガバナンス構築へ

多摩川の自然を守る会は、その積極的な取り組みがさまざまな利害を持つ住民同士の垣根を越えた関係（理解）を生み出し、単に動植物に詳しい、あるいは研究している人たちが集まって、調査結果から望ましい自然環境を提言するのとは異なる、一定地域のさまざまな利害を抱える生活者（住民）による生活の視点からの政策提言となっている点が、結果として国土交通省や地元自治体との間でパートナーシップが実現する原動力となったと思われる。

行政側としては、簡単にパートナーシップ構築の実現や政策提言を受けることはできない。そこには、法律的対処、他の行政機関との調整、過去の経緯、財源の問題などがある。その他、多方面での了解が得られることも重要である。

　かつての図式で言えば"攻める側"は自然保護団体の住民で、"守る側"は国・地方自治体（行政職員）という図式になる。その自然保護団体を構成している個々の住民は、観察や調査など蓄積された多くのデータや分析結果をもとにして、利害の異なる住民の中に理解と協力関係を広げてきた経緯を通して、政策提言を十分説明できる力と、地域での生活主体者としての生活の有り様を自らが決定していく力の、双方を育んできた。

　多摩川の自然を守る会の実践は、現国土交通省関東地方整備局京浜河川事務所職員、東京都環境局職員、川崎市や狛江市の地域住民及び地方自治体の職員などと現場における共同調査・研究・分析学習の積み重ねであり、多様なセクター間の共同作業体験でもある。このような共同の実践が、地域の文化を創造し発展させるための体験を通した学びの場・機会となる。この経験が地域の権利主体としての「私」に気づく学びの可能性があり、地域社会でより人間らしく生きるための、権利としての学習方法の獲得機会を内包している実践であるといえるだろう。このような自然保護運動の実践から、地域の総体を理解し維持発展させるために、当事者意識を持つ地域住民＝主体としての意識を持って考え行動できる学習実践を、環境ガバナンス構築と呼べるのではないか。その営みの方向性が、多摩川の自然を守る会の自然保護実践から見えていると言えるだろう。

謝辞

　本稿執筆にあたり、多摩川の自然を守る会代表の柴田隆行氏、魚類や魚道の研究者の君塚芳輝氏には、多忙なところインタビューに応じていただき、また、貴重な資料提供や有益な示唆をいただいた。記して謝辞としたい。

第2章　自然保護運動と地域の学び

注

(1) 市田則孝「自然保護運動を支えるもの」(横山理子編著『多摩川の自然を守る』三省堂新書、1973年) 187ページ。
(2) 同上、187ページ。
(3) 同上、188ページ。
(4) 柴田隆行「住民運動としての自然保護運動」(『新多摩川誌』第9編　河川環境　第7章　パートナーシップによる川づくり、河川環境管理財団、2001年) 1715ページ。
(5) 同上、1716ページ。
(6) 「多摩川の自然を守る運動と教育河川構想」(横山理子著作集『多摩川に生きる』のんぶる舎、1990年) 97~98ページ。
(7) ジョン・マコーミック「(第5章)ストックホルム会議」『地球環境運動全史』(岩波書店、1998年) 105ページ。
(8) 前掲注(6)、98ページ。
(9) 同上、99ページ。
(10) 川崎健次「新たな段階を迎えた市民参加」(田中充・中口毅博・川崎健次『環境自治体づくりの戦略―環境マネジメントの理論と実践―』ぎょうせい、2002年) 204ページ。
(11) 高橋秀行「環境パートナーシップ活動の進展と課題」(川崎健次編著『環境マネジメントとまちづくり』学芸出版社、2004年) 106ページ。
(12) 森清和『パートナーシップによる河川管理に関する提言』(財リバーフロント整備センター、1999年)。
(13) 森清和「「いい川・いい川づくり」とは何か　河川工学から河川学へ」(『私たちの「いい川・いい川づくり」最前線』学芸出版社、2004年) 24ページ。
(14) 君塚芳輝へのインタビュー　2008年1月7日。
(15) 京浜河川事務所http://www.keihin.ktr.mlit.go.jp/tama/know/property/11.htm

第2節　川辺川ダム問題における住民運動と環境学習の展開
　　　　―住民討論集会を中心に―

1　はじめに

　清流、川辺川は熊本県南部に位置し、日本三大急流の球磨川の支流である。熊本県と宮崎県の境に位置する国見岳の五木川を源流とする流域面積533km²で、全長62kmの一級河川である。
　1966年に川辺川ダム開発計画が公示されて以来、ダム問題は流域の環境保全、地域づくりを含む環境と開発のあり方にさまざまな問題を投げかけてきた。とくに、2001年からダム開発の是非をめぐって国交省、熊本県、流域住民が参画して開催された「住民討論集会（以下、討論集会）」は、全国的に注目を集めた。
　以下では、討論集会に注目しながら、第1に川辺川ダム開発下での住民運動の展開、第2に討論集会の展開過程、さらにはそこでの流域住民の環境学習、第3に討論集会のもつ意義を検討したい。

2　川辺川ダム問題における住民運動

　川辺川ダム問題における住民運動は、40年以上もの長い歴史がある。このように壮大な運動の取り組みを整理することは容易ではないが、あえてここでは4つの時期に区分し整理していきたい。
　以下では、住民運動の展開過程を具体的にみていくことにする。

（1）第1期：五木村の反対運動の高揚と衰退（1960年代半ば～80年代）
　第1期は、1960年代半ば～80年代の五木村での住民運動の高揚と衰退の時

第 2 章　自然保護運動と地域の学び

図2-2-1　川辺川の位置

注：「県民の会」HPより。

期である。以下では、村でのダム開発の歴史を「地権者協議会（以下、地権協）」の運動に即してたどることとする。

　1963〜65年の3年間に、五木村は連続して大水害にみまわれた[1]。この水害を契機に、1966年に建設省は治水を主とした川辺川ダム建設計画を発表した。この発表に対し五木村村長、村議会は直ちにダム計画反対を表明した。1967年には「五木村ダム対策委員会」を設置し、ダム計画に対応していくことになる。

　1970年になると五木村は建設省との間で、「川辺川ダム建設に伴う五木村立村計画の基本的要求項目」という「覚書」をかわした。その後、建設省は1972年に五木村への立入り調査を行った。しかし、この調査は「覚書」で交わされていた「調査にあたり村民に事前に通知する」という内容を無視したものであった。

　この事件を契機とし、村ではダム計画は村民の思いを無視して進められているという意識が高まった。そうした中で村民52世帯が集まり「地権協」を設立し、ダム建設計画への住民運動を展開し始めた。「地権協」の活動は、旅館や借り上げたプレハブ小屋で定期的に学習会を開いたり、ダム計画の問題点についてのチラシを村民に配布していくことでダム問題の構造について明らかにしていくことであった。

こうした活動の中で、1975年に「地権協」は建設省と県へダム計画にともなう補償条件についての交渉を求めた。しかし、この交渉は県議会がこれまでとは態度を一変してダム基本計画を議会に上呈したため、翌年には打ち切られている。その後、同年1月に県議会は基本計画を承認し、3月には建設大臣がダム基本計画を告示するというように急激に計画策定が進んだ。そのため、同年に「地権協」の53人は建設省を相手どり熊本地裁に提訴した。結果として裁判は、8年間という長きにわたることとなる[2]。

　1981年になると五木村のダム賛成2団体が補償基準に調印し、1982年に村長がダム建設に同意、さらに議会がダム反対決議を解除した。これらの動きの中で「地権協」の裁判闘争は、会員の高齢化、減少や周辺地域から孤立、情報交流の不足、資金面での困難などを抱えるようになった。このような困難な中でも「地権協」のメンバーは粘り強く活動をつづけていった。だが、1984年の村のダム建設推進への政策転換を契機に、「地権協」は建設省九州地方建設局との「確約書」において、裁判を取り下げてダム計画へ協力することとなった。

　このようにして、五木村の住民運動は条件闘争として終わりを迎えることになった。ここには、ダム建設による雇用の創出や補償金への期待により住民運動の統一が困難になっていったことや、他の自治体の推進表明によって村が孤立し、開発の進展にともなう地域コミュニティーの解体、急速な衰退が大きな要因としてあったと考えられよう。

(2) 第2期：ダム反対運動の停滞期（1980年代）

　第2期は、1980年代におけるダム反対運動の停滞期である。五木村の運動の衰退のあと、球磨川流域最大の都市人吉市で市議会を中心に川辺川ダム計画への反対運動が起きた[3]。

　1977年に、人吉議会で「球磨川系ダム問題対策特別委員会（以下、ダム対策委）[4]」が市議8名で構成された。「ダム対策委」は、川辺川建設計画にともないダム建設が商工観光や農業におよぼす影響の独自な調査と大学への

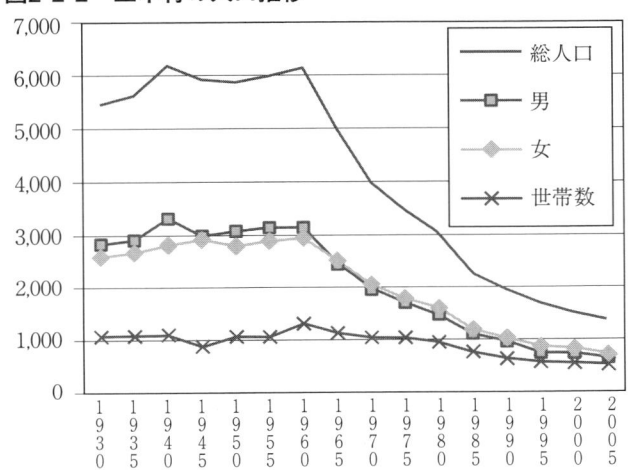

第 2 章　自然保護運動と地域の学び

図2-2-2　五木村の人口推移

注：1930年〜2005年の国勢調査

調査依頼、建設省などへの交渉や陳情などの活動を行った。

　その結果、「ダム対策委」はダム建設が及ぼす影響について、「ダム公害とも言うべき災害・流量の減少及び水質汚濁が生じ美しい自然環境あるいは河川環境が破壊され観光都市としての景観を損ない、観光価値観が低下していること。さらに川に生計をもとめている住民に経済的に圧迫を与えていることが、鶴田・一ツ瀬・下筌・早明浦ダム調査で明確になった。そのため、人吉市でも同じ様な災害がおこる[5]」と述べている。

　さらに、「ダム対策委」は球磨川下り会社、漁業協同組合、旅館組合、商工会議所と連携するとともに[6]、1984年には全市的な署名活動に取り掛かろうとした[7]。この署名運動は、民間団体も加わり、ダム対策協議会でも正式に議決されたものであった。しかし、いよいよ着手という時に周辺の町村議会から反対の声が噴出し、協力を要請していた市の町内会連合会の協力もえられず、断念することとなった[8]。これ以降、「ダム対策委」の運動は、ダム推進の建設業界や川辺川ダム建設促進協議会などの強硬な反対に合い、

45

ダム建設反対の意見を公に表明することは困難な状況となっていった。

　ここには、ダム計画が農業を中心とする球磨郡の基幹産業が、少子高齢化・過疎化などの問題を抱えていた時に、雇用機会の創出・消費拡大などの経済効果を生み出すという期待を抱かせ、地域の要求となり、ダム計画の推進を後押しすることとなったと考えられる。

（3）第3期　住民運動の展開期（1990年～2000年）
　第3期は、1990年～2000年までの流域全体での住民運動の展開期である。
　1990年以前の住民運動の成果によって、ダム建設の下流への影響が明らかになり、1990年以降、住民団体が相次いで結成されていった。それは、流域都市人吉を中心に50以上も結成された。これらの団体は、独自に運動を展開しながら相互に連携し、ダム計画に対抗する重要な団体同士のネットワークを構築していく[9]。

　こうした運動の広がりとともに、1996年からダム計画にともなう「国営川辺川土地改良事業（以下、土地改良事業）」の受益者である農家886人が、農水省を相手に利水訴訟を熊本地裁に提訴した。これによって、農民と住民団体の連携が生まれた[10]。

　1993年に利水事業の対象農家にたいして土地改良事業の変更計画説明会がおこなわれた。この変更計画に疑問をもった農家が、約20名で「川辺川利水を考える会」を発足させた[11]。この会は、学習会を重ねるとともに土地改良事業の問題点に関して情報発信を行なった。

　変更計画について同会は、1994年に農水省に「行政不服審査法」に基づく異議申し立てを行った。にもかかわらず、1996年に農水大臣は異議申立てを却下し、審理を打ち切った。このため、弁護団と原告団866名は1994年6月に熊本地裁に川辺川利水訴訟を提訴した[12]。裁判の争点は、「計画変更の際にとられた同意の署名・捺印が農家の本意だったかどうかということ[13]」であった。そのため、原告団や支援する市民はくりかえし地域集会などを開いて農家への確認作業を重ねていった[14]。2000年9月の熊本地裁の判決は、

利水事業への３分の２以上の同意があったとし、農家の訴えを退ける結果になった。しかし、原告団は判決報告集会の後に、福岡高裁へ控訴した。

　また、1999年から漁業権補償の問題が浮上してくる。球磨川漁業協同組合は、球磨川水系全体を漁業の対象地区とする内水面漁協であり、約1,900名の組合員からなる。その中で、理事会は組合の業務執行、運営を行い、総会は総代会100名からなり漁協の意思決定機関として動いている。当初、組合は「ダム絶対反対等確認」を示していたが、組合長の交代によりこれまでの路線とは反対にダム開発推進を表明していく。このように、組合内はダム開発によって混乱をきたすこととなった。

　これに対し、ダム反対の漁民たちは「球磨川漁民有志の会」発足させた。この会は、組合員への漁業法の正しい解釈やダムの弊害を伝えるなど、川を守るための諸活動を行っていった[15]。そのため、漁民たちは、漁業法や水産業協同組合法の学習会を開催していった[16]。

（４）第４期　住民運動のあらたな段階（2001年〜2007年）

　2001年に入ると運動はあらたな段階を迎える。これ以降、運動は質的に大きな変化を迎えることになる。

　まず、この時期の特徴の一つとしては、2001年12月に住民団体の運動の高揚を背景に熊本県を仲介とした開発側・ダム反対住民側双方の合意形成の場である「住民討論集会」が発足したことである。討論集会は、今日まで９回開催されているが、この集会によってダム問題ははじめて公開の場で議論されることになった。

　二つ目は、利水訴訟については、2001年に川辺川利水訴訟の活動として住民団体が「アタック2001」という、人吉・球磨川の受益農家への聞き取り調査を行い、国の主張する同意取得数の検証を行ったことである。この聞き取り調査により、国側が示す同意書の中には、受益者が亡くなった人を人数に入れたものや、他の者が代筆したものが発見され、同意取得の問題点や用排水と区画調整の２つの事業は３分の２の同意という用件を満たしていない違

法性が明らかになった。この事実は判決に大きく影響し、2003年5月31日に福岡高裁判決で原告農民側が逆転勝訴し、国の敗訴が確定した。このことは、新たな利水事業計画策定のための「事前協議会」を生み出した[17]。

三つ目は、漁業補償について漁協が二回も拒否したことにより国交省は、県の収用委員会に強制収用の要請をしたが、2005年に取り下げられたことである。これによって、ダム計画自体が事実上の白紙となった。

3 「住民討論集会」の展開過程

「住民討論集会」は、わが国の公共事業史上、地域住民と開発主体が開発政策の内容そのものについて公開討論の場を設けるという、これまで例をみない取り組みであったと言える。したがって、討論集会は住民側・行政側の双方にとってもはじめての経験であり、住民と行政が公開討論を通じて、どのように議論をし、合意を図るのかということは、きわめて興味深いものでもある。そこで、以下では住民運動の新たな段階として生み出された討論集会に着目していく[18]。

第1に、熊本県においてどのような経過によって意思決定の場が設立されるに至ったかを述べる。ついで、第2に、公開されている議事録等の資料に依拠して、討論集会がどのように展開してきたのかを分析・検討する。第3に、討論集会を支え発展させた住民の環境学習の展開過程について検証する。

（1）住民討論集会開催まで

2000年4月に、熊本県知事となった潮谷義子は川辺川ダム問題について以前とは一線を画するものがあった。それは、ダム問題について中立という立場を維持しつつ、あくまで民意を尊重する姿勢を堅持したことであった。

また、この時のダム開発の動向は、1つにダム本体の工事着工を目前に、国交省が漁業権の補償交渉を球磨川漁協にもとめたが、漁協は2001年2月の総代会、11月の総会ともに否決したことが上げられる。2つに同年からダム

第 2 章　自然保護運動と地域の学び

写真2-2-1　住民討論集会の様子

注：県民の会HPより。

計画の建設目的の一つである利水事業においての第 2 審が福岡高裁ではじまったことである。このように、漁業権の補償問題と利水裁判によりダム計画が大きく揺らいでいた時期であった。

このような状況下で、2001年11月 5 日に、住民団体の「川辺川研究会」がダムに頼らない代替案を発表した。これは、既存のダム計画よりコストを抑えて球磨川流域の治水が可能だという内容であった。この代替案は、計画が揺らいでいるダム問題に対して大きな衝撃を与えた。この報告書の発表を契機にダム見直しの世論が高まり、潮谷知事は2001年に、熊本県が広く県民参加のもとで国交省や関係団体、流域住民等による問題についての議論の場として討論集会の開催を呼びかけた。

これが討論集会の始まりであった。緊迫する情勢の中、潮谷知事が川辺川ダム問題について討論集会を開催すると発表したことは全国に大きな衝撃を与えた。次からは、こうしてはじまった討論集会がどのような展開を辿ったのかを見ていくことにする。

(2) 住民討論集会の展開過程 [19]

　2001年に始まった住民討論集会は、国交省とダム反対住民が壇上に上がり、ダム問題の是非について議論を交わし、県がコーディネーター役をつとめるかたちで進められた。しかし、討論集会は、はじめから合意形成に向けた議論が順調に進展したわけではなかった。

　ここでは、討論集会の展開過程を3つの時期に区分して検討することとしたい。第1期は、「討論不成立・混乱期」（第1回～3回）である。第2期は、「論点共有期」（第4回～8回）とも言うべき段階である。第3期は、「総括・共同検証期」（第9回）である。以下では、各時期区分での展開過程を具体的にみていくことにする。

①討論混乱・方向性模索期（第1回～第3回）[20]

　川辺川ダム問題をめぐる合意形成の基盤の第一歩は、どのようにはじまったのだろうか。

　討論集会の1回目は、仲介役をつとめる熊本県が「川辺川研究会」の治水に関する代替案に論点を絞り議論を展開しようとした。しかし、議論は代替案のみならず、環境保全、漁業権の問題、利水問題、五木村の地域振興などとかなり広範囲の論点の噴出がみられた。さらには、野次や罵声、途中退席が目立ち、会は混乱をきたした [21]。

　こうした混乱はある意味では当然のことであったと言える。というのは、長年のダム問題に対する様々な思いをようやく住民が発せられる場がつくりだされたからである。しかしながら、このような展開は、話し合いを長引かせ、議論の焦点を拡散させ、途中で議論が打ち切られる原因にもなった。このため、討論集会自体が成り立たない状況に陥る場面も多々みられた。

　しかし、2、3回と回を重ねるにつれて、仲介役としての県が討論集会の進行の上で重要な役割を果たした。それは、県が「事前協議」という討論集会にむけての準備段階の場をもうけたことである。そこでは、論点の整理と創出、討論の進行上のルールづくりが行われた。さらに、県は各回の討論の論点を整理し、専門用語についても一般市民に分かりやすく解説を加えるな

第2章　自然保護運動と地域の学び

表2-2-1　討論集会の開催日程・テーマ、参加人員

	日程	テーマ	参加者
1回	2001.12.9	治水	3,000人
2回	2002.2.24	治水	1,700人
3回	2002.6.22,23	治水	2,500人
4回	2002.9.15	治水	600人
5回	2002.12.21	治水	1,400人
6回	2003.2.16	環境	600人
7回	2003.5.24	環境	600人
8回	2003.7.13	環境	600人
9回	2003.12.14	治水・環境	600人

注：住民討論集会議事録から筆者作成。

どの作業を行っていった。こうして、県は討論集会において調整と説明責任を果たしていった。

　そうは言っても、反対住民側は必ずしも自分たちの主張を論理的に展開しきれていなかった。これは、討論をする際のダムやそれに関連するデータ（具体的には、図面や、治水や利水に関するデータ）が不足していたからであった。このため、住民側は国交省に情報公開を強く求め、少しずつではあるがデータを開示させていった。これにより、住民側は自らの理論を構築していくこととなる。

　以上のように、この時期は混乱の内に会がはじまるが、討論を重ねるにしたがい、徐々に会が形作られるようになっていった。混乱は収束し、次第に方向性を見出していったのである。

　②論点共有期（第4回〜第8回）[22]

　第2期は、第4回〜第8回までの論点共有期である。この時期は、討論を通じて、住民側が強く要求した情報開示が徐々に実現し、公表されたデータに沿って議論を深めることが可能となった。それにより、論点が絞られず討論になりきれていなかった現実を脱却し、討論されるべき論点が明らかとなり、徐々に双方が対等の立場で討論を行なっていく。その背景には、住民側の主張のレベルが高まったことが考えられる。

具体的な論点として、第4回は大雨洪水被害の実態、基本高水流量、現状河道流量、計画河道流量であった。第5回は洪水調節流量、具体的な治水対策、費用対効果、治水全体の総括がおこなわれた。また、第6回は流域の環境対策の現状、ダムによる環境への影響問題として水質、流量、八代海、希少生物についての議論がなされた。第7回はダムによる八代海、希少生物、その他（代替案）による影響についての議論であり、第8回は第6、7回の環境の総括討論がおこなわれた。

このように討論集会において論点が明確にされ、議論が成立していく背景には以下の要素が考えられる。

第一に、反対住民が国交省とデータを共有したことである。これは、住民側が討論集会において国交省からの配布資料や説明、情報開示によってデータを獲得していった努力の結果である。次々と開示されたデータは、ダム反対住民側にとって国交省の主張を批判的に検討する重要な資料となった。このことは、議論を発展させ、論点の共有化へ繋がる。

第二に、住民側の主張の理論化である。データ開示により多くの資料が提示され、住民側は自分たちの主張の科学的な理論構築を進めた。そのことは、討論されるべき論点を明確化し、討論の一層の深化をもたらした[23]。

第三は、国交省側と住民側の立場の実質的な対等化である。開示されたデータに基づき住民側の主張が理論化され、住民側と国交省の討論集会が対等に行われるようになり、ダム問題の是非をめぐる論点を明確にすることになった。

このように、データ開示によって住民側の主張の理論化がなされていくと、議論が深化していくという集会の「良循環」が形成されていった。

③討論総括・共同検証期（第9回）[24]

討論集会の第3段階は、「討論括期・共同検証期」と呼ぶことができよう。第9回の討論集会は、これまでの第1回から第8回までの討論集会での議論の蓄積をふまえ、国交省側、住民側の双方が「治水」・「環境」の議論の総括を行った。論点も今まで討論されたものの中で重要なものに論点が絞られ議

論が行われている。そのため、討論集会の議論はより深いものになるとともに、データの開示や住民側の学習の蓄積により、対等な議論の展開がなされるようになった。

　注目されるのは、「治水」を考える場合に最も重要な論点である「基本高水流量」を定める上で、重要な要素である森林の保水力の共同検証を行う必要性が合意されたことである。このことを受けて「森林の保水力」については国交省と住民側の双方が共同検証を実施することになった。さらに、今までとは方法を変え、多くの一般市民から質問を募集し、双方がこれに答えるという手法をとり、プレゼンテーション等は省いて県民の理解を深め、知ることを重視した内容を作り出した。

　第９回の「討論集会」について、県民の会のNさんは「全体に質問と回答が比較的かみあい、問題点が双方に明確になってきつつある」という討論の進展を評価している[25]。この段階では、本来あるべき住民参加に基づく公共事業における意思決定の実現へ向けて大きな前進が見出されたと言えるのではないだろうか。

4　住民討論集会における環境学習

　討論集会の発展の要因として、論点を明確にして議論を発展させる上で大きな力を発揮した住民の学習について検討する。住民の学習については(1)公開された討論集会そのものが住民にとっての学習の場となったこと、(2)討論集会にあたって住民の間で行なわれた学習の展開、の２つのレベルから考えることができる。

（１）住民討論集会の場での学習

　「住民討論集会の場での学習」とは、多くの人が討論集会というフォーマルな場において議論に参加することそのものが学習過程であることを意味する。

反対住民が、討論集会時に資料・データについての批判的な検討を行うことだけではなく、聞き取りを行った「県民の会」のN氏が「参加した多くの人々が集会の議論を通してダム問題を意識した」、「討論集会の議論は推進側の国交省にとっても新たな経験であった」ということからも明らかであるように[26]、参加するすべての人がダム問題について「学習する場」であったと考えられる。

（２）住民の間での学習（「治水班」、「環境班」の学び）
　①治水班の学習過程
　「住民討論集会」開催と並行して、住民は「治水班」、「環境班」という研究会を結成した。そこでは、専門家や流域住民が集い、データの分析や理論構築を行った。ここで具体的にどんな学習活動が行われていったかを見てみよう。
　まず、「治水班」の学習活動であるが、球磨川流域に在住の住民や熊本市在住の住民のメンバーが週１回集まり、討論集会にむけてデータ分析、資料作成を行った。「治水班」の学習は、討論集会において国交省側が示したデータや情報開示により示されたデータについて、その古さや間違いを指摘し、問題点を追求していった。そこでは、入手したデータにより専門家と協力関係がつくられていった。さらには、生物や土木工学などの専門家同士の協力も生まれ、相互の主張の統一がなされた。
　このようにして「治水班」は、各回の討論集会を経るごとに、集会の内容を深く把握し、次の討論集会にむけて議論を深めた。さらに、各テーマに関するプレゼンテーションの、より分かりやすい資料づくりを進めていった。こうした学習によって、住民は専門的なデータを分かりやすくとらえ直していくようになった。
　以上のような学習活動について、人吉市で自営業をしているメンバーの一人であったKさんはインタビューに答え、次のように語った。「一回一回大変だった。お金はないし、やる気以外にはなにもないと。しかし、１回やる

第2章　自然保護運動と地域の学び

ごとにレベルがわかっていき、データ公開で有利になっていった」。一方、人吉市在住の治水班メンバーのMさんは、「各人が得意分野をのべる。住民討論集会での資料を専門家と一緒につくり、討論集会へ臨んだ。そして討論集会の情報交換や、流れ、闘い方、論点について議論して、前面に専門家がでて、後方に住民がおりサポートした」と語った。

　以上が治水班の学習活動の概要である。こうした学習を通して、治水班のメンバーとして参加してきたMさんは、「毎回学習会に参加して、自分自身が理論武装できていくことがとてもよくわかった」と述べている。データ分析は専門家が行ったが、県民の会のM氏によれば、「雨が降れば増水の状況を調査に行き、山の地表流を確認に危険をおかして登山し、トンネルのひび割れから地質を調査し、水の濁りの原因を調べるなどは、討論集会を通して住民に起こった変化であった」という。治水班の学習は、住民が専門家と協力し、現地調査を行い、データをもとに学習活動を行うことによって住民の理論を組み立てていく上で大きな力となった。こうした学習活動を通じて、住民は所与の生活体験で得た知識と科学的なデータを一致させていくという学習を積み重ね、課題の解決のための能力を身につけていったのであった。

②環境班の学習過程

　次に「環境班」の学習活動をみてみよう。「環境班」の学習活動は討論集会以前にさかのぼり行われていた。「環境班」の前身となる環境に関する学習会のメンバーが、球磨川の自然観察などによって学習活動を展開していた。この自然観察は、川辺川・球磨川の自然のすばらしさを考えることから始めて、川辺川の水生昆虫の調査を行い、1996年にはクマタカの生息状況調査を開始した。さらに2000年からは川辺川上流のツヅラセ洞窟、アユ、水質、藻に関しての調査を行っている。これらの調査は、住民と研究者との共同調査として行われた。そこには、日本野鳥の会などの協力があった。

　「環境班」で中心的な役割を果たした八代市に在住の自営業のTさんは「川辺川ダム問題について何ができるかを考えた。そこで、はじめに自然を楽しもうということで自然観察を行った。しかし、ダム反対の運動をとおして本

格的にとりくんでいった」と語った。

「環境班」のクマタカ調査経過に着目し、そこでの学習について考えてみる。「環境班」はクマタカに着目した理由について、環境班のTさんは「クマタカの営巣地がダムサイトにあることと、生態系の頂点にいたため」であると述べている。「市民の会」として県内の野鳥に関心がある人に呼びかけ、独自に「熊本県クマタカ調査グループ」を結成した。

その後、「環境班」は、日本自然保護協会の協力を得て96年から97年にかけて、クマタカの生態調査を行い、記録の方法、報告書のまとめ方などを学習し、それをもとに鳥の存在を認識するのみの調査ではなく、餌場、すみか、子育てというように鳥の生態の総合的な調査を行った。その方法は、個体認識表をつくり、クマタカの飛び方の特徴から飛んでいるクマタカの目的を見出すものであった。この調査の結果から調査グループはクマタカの餌場がダム建設予定地にあることを証明した。当初、日本自然保護協会から調査方法を学んだものであったが、それをもとに「環境班」独自に調査方法を発展させたものであった。

2000年には環境班の住民は独自調査を報告書にまとめて発表している。この報告書は、クマタカについて国交省が7年で7回の調査しか行っていないのに対して、住民側が独自の調査方法を用いて56回の調査を基に作成されたものであった。こうして、調査を通して住民は球磨川・川辺川の自然環境の現状について理解を深めていった。それをもとにし、討論集会に向けて「環境班」は理論構築を行った。

そのことについてTさんは、「調査は朝出かけて夜まで行なうという大変なものです。それは今でもやっている」と話してくれた。また「市民の報告作りは、みんなであつまり、泊まりがけで作業を行った」。こうして自らの調査に基づいた報告書づくりへの取り組みが発展していったのである。

環境班に所属していたメンバーのTさんは、環境班の学習について「登壇は専門家の先生が行うが、住民がそれをサポートしたり、資料をわかりやすく作成したりする」ことであったとしている。また、分かりやすい資料を作

成するにあたり「住民の思いを書き加えることが重要である」と述べている[27]。

以上のように、「治水班」、「環境班」の学習について「県民の会」代表N氏は「住民討論集会はあまりにも広くしかも深い議論のため、少々分かりづらい面もある。確かに当初、基本高水流量、現状河道流量、計画河川の意味すらわからず、会の進行を見守ってきた。しかし、回を経るごとに、それなりに勉強し、今ではこれらの専門用語が常識的に語られているのは、当初からこれに関わった者としては、ある種の驚きでもある」と語っている[28]。住民は学習を通して自らの「科学」を身に付け、さらに調査活動を通して科学を創造していった。また、「ダム無用論が今までの心情的なものだけではなく、自分も納得いくある種の科学的理由が得られたこと」という。討論集会は、「市民の科学を身につける貴重な場」であったのである[29]。

5 「熊本型民主主義」の成立

「住民討論集会」は、公共事業に関して県民に公開された場で議論を行い、合意形成を図ろうとする公共事業の意思決定の新たなモデルを提示するものであった。こうした意思決定の方法は「熊本型民主主義」と呼ばれ、全国的に注目されている。

討論集会は、国交省、熊本県、流域住民の三者が三つ巴になり開催された。この三主体の背景を考えると、(1)政策プロセス的要因として、利水裁判と補償案拒否による国交省の開発計画の正当性の揺らぎ、(2)県の財政危機と開発行政の矛盾解決として、知事のダムに対する慎重な姿勢と調停役として国に対する発言権の確保、(3)住民側の継続的な運動と「系統的で継続的な学習による住民の科学」の成熟を基盤にした、住民的公共性の形成・発展などをあげることができる。

討論集会の発展過程を図式的に示せば、「住民の環境学習の発展→事前協議での討論集会のための枠組み創出→住民討論集会における対等な論議の展

図2-2-3　住民討論集会の発展過程図

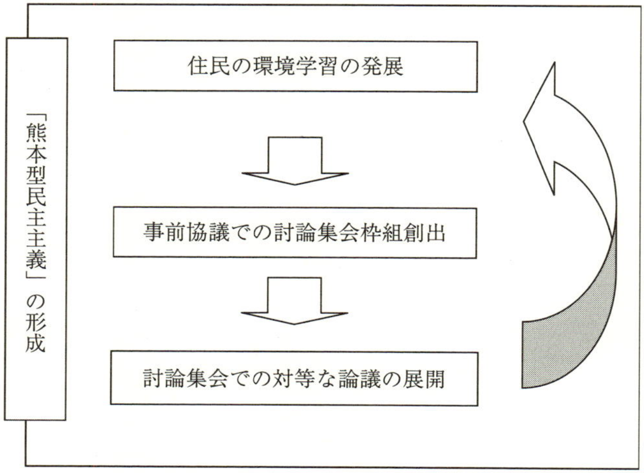

```
┌─────────────────────────────────────┐
│         住民の環境学習の発展          │
│                ↓                     │
│   事前協議での討論集会枠組創出        │
│                ↓                     │
│   討論集会での対等な論議の展開        │
└─────────────────────────────────────┘
      ← 「熊本型民主主義」の形成
```

開」として示すことができる。さらに、討論集会の特徴は、①地域住民に公開された論議の場、②対等な意思決定機関、③客観的根拠に基づく学習の場、として整理することができる。

　このような討論集会発展の基底的要因としては、流域住民による「環境学習」があったと考えられる。環境学習は①国交省の主張に対する批判的検証、②専門家との協力と住民自身による球磨川水系の調査とデータ収集・整理、③それらに基づく新たな理論構築と代替案の提起、として発展した。

　以上のように、流域住民と国と熊本県という当事者が議論しながら問題を解決していくプロセスをつくりあげた。この討論集会のプロセスは、「住民と国の間に調整役の熊本県が入ることによって、当事者が議論（討論）しながら問題を解決していく仕組み」としての「熊本型民主主義」を作り出したと言えるであろう[30]。

注
（１）記録によると、1963年８月17日の水害は、停滞前線による最大時雨量140mmを

第2章　自然保護運動と地域の学び

越える集中豪雨により大洪水となり、死傷者46人、家屋の全壊流出281戸、床上浸水1,185戸の被害があった。翌1964年8月24日の水害は台風14号による水害で、死傷者9人、家屋の全壊流出49戸、床上浸水753戸の被害があった。さらに1965年7月3日の水害は、梅雨前線による大水害が発生し、死傷者10人、家屋の全壊流出1,185戸、床上浸水1,769戸の被害であったとされている（熊本県五木村川辺川ダム対策同盟会『秘境に苦境ありて　あゆみ』2001年、16ページ）。

(2) 訴訟内容は①基本計画取り消し訴訟、②損倍賠償請求訴訟、③河川予定地指定処分無効確認の訴訟の3つであった。

(3) 1980年代の人吉での運動は、「球磨川水系ダム問題対策特別委員会」（川辺川ダム問題調査・対策特別委員会報告議事録抜粋　1976〜1987年）を参照した。

(4) 前身は1976年に設置された「川辺川ダム問題調査特別委員会」である。

(5) 「川辺川ダム問題調査特別委員会」報告書　1977年。

(6) 同上。

(7) 同上。

(8) 福岡賢正『誰のための川辺川ダムか　国が川を壊す理由』（葦書房、1994年）。

(9) 例えば、1993年「清流球磨川・川辺川を未来に手渡す会」、1996年「子守唄の里・五木を育む清流川辺川を守る県民の会」などがあげられる。

(10) 1993年から2000年にまでの川辺川利水裁判闘争の経過については、高橋ユリカ『誰のための公共事業か―熊本・川辺川ダム利水裁判と農民―』（岩波ブックレット、2000年）を参照した。

(11) 同上、23ページ。

(12) 正式名称は、「国営川辺川土地改良事業変更計画に対する異議申し立て棄却決定取り消し請求事件」。

(13) 前掲注(10)、47ページ。

(14) 同上、47ページ。

(15) 諫早干潟・川辺川ダムから海を考える会『よみがえれ、宝の海　有明海・諫早湾〜不知火海・球磨川と漁民たち』（岩波ブックレット、2001年）。

(16) 同上、21ページ。

(17) 「事前協議会」は、2003年6月に川辺川利水訴訟原告団、川辺川利水訴訟弁護団、川辺川総合土地化利用事業組合、川辺川地区開発青年同士会、農林水産省に呼びかけて5者により開催された。

(18) 「住民討論集会」は今日まで9回にわたって行なわれている。幸いその全過程の議事録が公表され、またそれに伴った住民側が行なった検討会や事前の協議会等もかなりの程度明らかにされている。こうした情報の完全開示という点でも、この住民討論集会は画期的なものであったと言える。

(19) 「住民討論集会」の展開過程の整理は、池田真也『川辺川ダム問題と住民討論

集会の展開過程』（酪農学園大学卒業論文、2006年）を参照した。
(20) 住民討論集会1回～3回の「住民討論集会議事録」参照。
(21) このことは、討論集会の議事録や集会のビデオからよく見られる。
(22) 住民討論集会4回～8回の「住民討論集会議事録」参照。
(23) 議事録を見ると、討論の深化は回を経るごとに如実にあらわれていくことがわかる。
(24) 住民討論集会9回の「住民討論集会議事録」参照。
(25) 住民討論集会に継続的に出席しているNさんは、こうした議論の前進を評価するとともに、こうした「データ」に基づく議論の積み重ねが合意を形成する可能性に期待を寄せている。
(26) 2007年8月　川辺川現地での調査時の聞き取りより。
(27) 2007年の八代市での聞き取り調査による。
(28) 川辺川現地調査実行委員会「かわべ川　川辺川問題資料集№9」2005年、39ページ。
(29) 同上。
(30) 同上、21ページ。

第3節　千葉の干潟を守る会・大浜清の軌跡

1　はじめに

　自然保護運動についての研究では、『環境問題の社会史』[1]や『東京湾岸の自然保護活動』[2]などによって、運動のアウトラインはうかがい知ることができる。また、若林は『東京湾の環境問題史』[3]において、埋立て問題や漁民の立場の変遷に焦点をあてて、環境問題の社会的側面を明らかにした。それでもなお、これらの研究を通してもうひとつもの足りなく感じるのは、自然保護活動家が、なぜ、どのような気持ちを抱いて活動を行ってきたかという、活動の原動力とも言うべき内面の経緯に関して踏み込みがほとんどない点である。そこで本節では、一人の自然保護活動家の誕生から現在までの経緯を追うことで、自然保護活動家が、「なぜ」「どのような思いで」自然保護活動に関わっていったのか、その背景としての生い立ちや社会情勢、運動との関係で学びは何だったのかを示すことを目的とする。ここでは対象者を「千葉の干潟を守る会」代表である大浜清氏とした。それは、自然保護活動が活発化したとされる1970年代より現在まで活動を続けているということから、時代に先駆けた考え方や行動をとり、なお一貫した姿勢を保っているので、環境問題をめぐる社会の動きに対するものさ

写真2-3-1　大浜清

し的存在だととらえたからである（以下、敬称略）。

2　個人史研究の方法論について

（1）調査研究の方法論

　本節における研究方法は、基本的に質的調査法の一つであるライフヒストリー法を用いた。桜井厚[4]によると、ライフヒストリーはライフストーリーをふくむ上位概念であって、個人の人生や出来事を伝記的に編集して記録したものである。その特質は、以下のようになる。

① 「個人の主観的現実」：対象者が自分のライフヒストリーを語ることによって現実を表象する
② 「過程、多義性、変化」：ライフヒストリーの全体的様相は、個人を、歴史的な時間のなかで変化し進化していく社会関係の複雑な網の目の中にある独自な実在であることを強調する
③ 「全体を見渡す視座」：誕生からこのインタビューの出会いにいたる生活総体の文脈に個人を位置付ける
④ 「歴史を捉える道具」：個人史と社会史を交差させることで歴史的変化を表す

　すなわち、ライフヒストリーは、対象となる個人の主観的現実を社会的、文化的脈絡の中に位置づけることを主眼としている。この手法を用いて行った研究として、中野卓『口述の生活史』[5]などがある。

（2）インタビュー調査と現場体験

　本節でとりあげる大浜清が活躍する主な舞台である東京湾の最奥、浦安から船橋、習志野、さらに千葉にかけては、かつて京成電鉄の駅を降りると砂浜が続いていた。本節の共同執筆者である小川潔も、小学生時代に遠足でこの砂浜に行き潮干狩りをした世代である。現在、三番瀬と呼ばれる市川・船橋をはじめとした一帯の海岸線は1960年代から千葉県により埋め立てが行わ

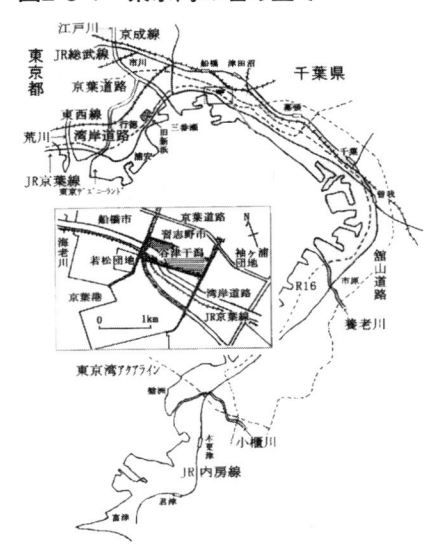

第 2 章　自然保護運動と地域の学び

図2-3-1　東京湾の埋め立て

れ、広い範囲に干潟・浅瀬が失われていった（**図2-3-1**）。

　本節の筆者のひとりである小林宏子は、大浜に2004年3月4日にはじめて連絡をとり、以降、インタビュー調査を、2004年3月8日から2004年10月2日の間に6回行った。

　1回目のインタビューでは、ICレコーダー使用許可の確認ができなかったため、聞き取りメモとなっている。それ以降のデータに関しては、ICレコーダーの使用許可を得て録音を行った。インタビューは全て、質問紙をあらかじめ渡すことなしに会話を進めるという形式で行った。第2回目以降はICレコーダーから文字に起こし、大浜の人生、特に千葉の干潟を守る会の代表である大浜に関してまとめるということで、調査を進めてきた。

　この他に小林は、大浜が参加していた千葉県野鳥の会が主催する野鳥観察会のうち、2004年5月2日に三番瀬、2004年5月3日に盤州干潟の野鳥観察会に参加した。また、2004年6月20日には、谷津干潟における"干潟の学校"で大浜の発表があったため参加した。そして、2004年8月19日には、東京湾

表2-3-1　調査対象者との接触

年	月	日	内容
2004	3	4	初めて連絡をとる
2004	3	8	インタビュー1回目（14：50～16：30）
2004	3	15	インタビュー2回目（14：50～17：15）
2004	4	8	インタビュー3回目（15：20～18：00 休憩1回含む）
2004	5	2	三番瀬野鳥観察会参加
2004	5	3	盤州野鳥観察会参加（大浜は不参加）
2004	6	20	"干潟の学校" 大浜講演者　傍聴
2004	8	11	インタビュー4回目（14：45～17：15 休憩2回含む）
2004	8	19	東京湾クルージング　東京湾海上から湾岸を見る
2004	9	8	インタビュー5回目（17：35～19：35）
2004	9	21	行徳ヤミ補償裁判傍聴
2004	10	2	インタビュー6回目（14：00～19：30 休憩2回含む）

の海上から湾岸を見てはどうかという大浜の誘いを受けて、東京湾クルージングにて、東京湾を船上から一望した。最後に、三番瀬埋立決定前に千葉県が事実上の漁業補償を支出した問題を問う行徳ヤミ補償裁判を、最終審理直前の2004年9月21日傍聴した。研究過程での調査対象者との接触に関しては、**表2-3-1**にまとめた。

　インタビュー調査において大切なことは、調査者と調査対象者の関係であるという[6][7]。また、どのような状況でインタビューを行ってきたかということも調査に影響を及ぼす。そのため、**表2-3-1**に示したような調査者と調査対象者の関わりをもった。

　調査者（小林宏子）は調査対象者である大浜清を、大浜と旧知の仲である共同執筆者（小川潔）より紹介を受けた。そのため、何も関係がないところから出発するインタビューより幾分スムーズにインタビュー自体は進行したと考えられる。しかし、調査者との関わりは1年未満と短いものであり、本音をどこまで追求できたかは定かではない。また、「インタビューの成功の大半は、インタビュー状況において人類学者がどれくらい熟練して理解力があるかに左右される」[8]とあるように、インタビューにおいては、調査者

第 2 章　自然保護運動と地域の学び

の熟練度やインタビューしたい内容をどれだけ把握できているかが成果に大きく影響を及ぼす。本研究は、調査者にとって初めての取り組みであり、未熟であったと記載しておく。しかし、その未熟さが、功を奏したこともあった。それは、同じ内容を複数回、違う切り口から聞くことができたことである。インタビュー2回目に自然保護活動に関わった話を聞いた時と、インタビュー4回目に誕生から話していただいた流れで自然保護活動に関わった話を聞いた時では、同じ話を聞いていても至る経緯に対する印象が違っていた。全体を通して、インタビューだけでなく、自然観察会や裁判の傍聴に行けたことは、その場の雰囲気を知る上で有効であったと考えられる。しかし、本調査研究では、時間の制約から、大浜以外の関係者からの情報に関しては、調査対象とできなかった。本人以外からの情報も同時に調べることができれば、よりリアリティある結果が得られたであろう。

　インタビュー調査の最初の段階では、活動の出発点から活動内容に関する話をしていただいた。インタビューの回数を重ねていくうちに、大浜の人生についても尋ねることができた。これは、インタビュー回数を重ねることで、多少なりとも信頼関係が生まれていたためではないかと考える。また、東京湾クルージングに行ったことで、実際に東京湾を見て、視覚的に大浜の話を再現できたことは、活動の歴史を調査者が知る上で大いに役立った。これらの体験から、インタビュー調査で、個人の人生から様々な考察をする場合には、実際に舞台となった場所にも足を延ばすことが必要なのではないかと考えるに至った。また、当事者による写真や会報誌などの資料提供により、インタビュー内容を裏付けることができ、当時の活動の状況を詳しく知ることができた。このような資料の存在は、後日自然保護活動研究を行う際にも、有効であるといえるだろう。

3　大浜清の個人史

　各インタビュー時の内容について、**表2-3-2**に示した。これらの内容を時系列に大浜の誕生から現在までの順で並べ替え、**表2-3-3**、**表2-3-4**に示した。これにより、大浜の人生の大まかな流れと、当時の環境や人の考え方、動きも対象者の視点を通して明らかにされていった。

　今回の調査でわかった、大浜の略年史を**表2-3-3**、**表2-3-4**を追いながら以下に述べる。なお、大浜の個人史を歴史の順に並べると、自然保護というものに関わったのは、40歳になってから初めてだということがわかる。

（1）誕生から自然保護運動以前まで

　子どもの頃は、父親の転職に伴いさまざまな地を体験することになった。目の怪我を負ったことが、その後の人生に大きく影響したという言葉もあったが、一度インタビューの中で出てきただけで、どのように影響を及ぼしたのかは伺い知ることができなかった。その頃、人力車が走っていたということなどは、当時の社会的背景を示す事項だった。

　天文と地理には、小学校の先生の影響を受けて興味を持った。中学時代が思い出深いということだったが、これに関する話よりも高校時代忠愛寮で体験したことの話の方により時間をかけて述べていた。当時を一番大事な時期だったと語り、キリスト教者の戦前そして、終戦後の立場を味わい、理科専攻であったこともあり、唯物論に行きつき、無神論者となった。自分を確立していく労苦を味わされたという。この時に読んだマルキシズムの本の影響を受けた。

　戦後から、さまざまな場面で闘争という活動に関わることになった。それと同時に、大浜は、音楽のほうで自分を確立していく。これからの時代を自分たちが作るんだという気持ちがあった。妻和子の話になると終始笑顔での会話となった。大学での学費値上げ反対闘争や、戦後すぐの学生運動は明る

第 2 章　自然保護運動と地域の学び

表 2-3-2　インタビュー内容

回	日時	時間	内容
1	2004/3/8	14：50～16：30	インタビュー協力依頼、千葉の干潟を守る会活動の流れ、保護と保全に関しどう考えているか、昔から今までの東京湾、千葉の干潟を守る会名前の由来、埋立はなぜ行われたか、水の問題、最初に保護を唱えた人について、など
2	2004/3/15	14：50～17：15	千葉の干潟を守る会発足、新浜クラブから新浜を守る会、千葉県埋立の歴史、産業の変遷、埋立による生きものへの影響→生態系、運動による自分自身のジレンマ、習志野の埋立反対について、三番瀬再生計画に参加して　など
3	2004/4/8	15：20～18：00	三番瀬再生計画の話、谷津干潟、公有水面埋立法の改正、千葉の干潟を守る会と周辺の人たち、公害原論、学者との協力、日本科学者会議、政策と埋立、干潟を守る運動を行ってきた人たち、習志野の埋立、日本野鳥の会と千葉県野鳥の会の分裂、サンクチュアリ運動、全国自然保護連合の分裂、房総スカイライン、三番瀬フォーラムから三番瀬を守る署名ネットワークへ、東京湾会議、フェニックス計画、富津の埋立、人工干潟、藤前干潟、ラムサール条約、干潟に関わる人の紹介　など
4	2004/8/11	14：45～17：15	三番瀬ヤミ補償裁判、習志野の埋立反対運動、公有水面埋立法、1972 年 1973 年の国会請願、なぜ運動がおこったか（時代背景）、公害原論、1973 年 9 月シギチドリ全国一斉カウント、全国干潟シンポジウム、ラムサール条約（谷津干潟）、国際干潟シンポジウムから日本湿地ネットワーク、三井不動産と埋立、大浜の誕生から出版社時代（1927 年～1953 年）　など
5	2004/9/8	17：35～19：35	大浜の出版社時代以降活動全般（前回の続き）→60 年安保闘争から鳥の観察会に参加、千葉の干潟を守る会結成までの話、千葉の干潟を守る会の活動全般、国会請願、公有水面埋立法について、環境庁との関わり、石原慎太郎について、公共事業について、妻和子との出会い、コーラスと指揮者をやっていたこと　など
6	2004/10/2	14：00～19：30	作成した大浜個人の年表の確認、学生運動や労働運動（メーデー事件、60 年安保闘争など）、朝鮮戦争でのアメリカ兵、どんな語学に触れてきたか、出版社退職後のヨーロッパ旅行、フランス語とドイツ語のスクールに通ったこと、千葉県におけるボートピア、谷津干潟とブリスベン市の湿地提携、戦争中の体験、東京湾クルージングの時の話、活動をはじめた時の環境のひどさについて、現在の埋立について、行徳富士について、冬季オリンピックに伴う開発（志賀高原）について、三番瀬について　など

いイメージがあった。それに、政府もきちんと対応してくれていた。それが、朝鮮戦争とともにかわった。運動は抑圧されるようになっていった。出版社に入社したのは、学生時代に同じ研究室だった小泉文夫の引っ張りがあったためだった。そこで音楽事典の編集に関わり、民俗音楽に関心を抱くようになった。メーデーにも歌の指導をしたりと積極的に関わっていた。60年安保闘争では、会社全体でデモに行くという状態だった。そういう時代だった。それでも、60年安保の次に出てきた内ゲバなどで気持ちは一気に冷めた。

　1968年に、組合の役員をやるが、人間関係に悩むようになった。同時期に母親を肺ガンで亡くし、精神的に参っているときに妻の誘いがあって自然教育園の鳥の講座に行き、野鳥の観察会に参加することになった。そして、新浜に出会った。自然の素晴らしさに心打たれながらも、開発の現状が目の前で繰り広げられた。新浜に通いつめているうちに、新浜を守る会に参加するようになった。新浜は、活動によって80haの保護区を残すことになったが、1,000haの保護区要求からはほど遠いものだった。次は、習志野の埋立だった。1973年3月28日千葉の干潟を守る会が発足した。それ以降、千葉県側東京湾の埋立計画反対の運動を繰り広げるのである。

表2-3-3　大浜清略年表（自然保護活動以前）1927年～1969年（0歳～42歳）

誕生から小学校入学前：1927年～1933年（0歳～6歳）
1927年（0歳）：大浜清は4人兄弟の長男として、母方の実家である東京市芝区（現：東京都港区）で誕生した。生後二か月目には、父親のいる青森県八戸市に移る。以降、父親の転勤にあわせて何度か転居することになる。
1929年（2歳）：父親が八戸中学（現：八戸高校）の英語の先生をやめ、いったん東京へ出てきた。父親の神戸市での就職をきっかけに伊丹市での生活を送るようになる。
1931年（4歳）：母方の実家がある千葉郡二宮町（現：千葉県船橋市前原西）に移り住んだ。これは、父親が陸軍省の役人になったからであった。この年に、左目に怪我を負った。
1932年（5歳）か1933年（6歳）：高円寺に引っ越す。津田沼から通わずに、高円寺に越した理由は、父親が四谷の陸軍省に通うのに総武線が両国までしか行

第 2 章　自然保護運動と地域の学び

っていなかったためだった。

学生時代：1934年〜1953年（7歳〜26歳）

小学校時代
1934年（7歳）：高円寺にある杉並第四小学校に入学した。
1935年（8歳）：再び千葉県に戻り、津田沼小学校に転入する。父親が総武線の延長で津田沼から四谷にある陸軍省に通えるようになったためだった。
1939年（12歳）：小学校六年生の時、父親が興亜院に勤めることになり、中国北京市に移住することになる。そのため、最後の小学校は、北京市にあった居留民団立北京市東城第一小学校であった。興亜院とは、中国を支配する出先機関だったとの説明があった。

中学校時代
1940年（13歳）：北京日本中学校に入学する。1学年に5組200人くらいいた。ここは、一番懐かしい学校だという。ここで言う中学とは、旧制中学のため、5年間だった。この頃フルートを習い始める。
1943年（16歳）：父親が天津で別の仕事についたため天津に移住、天津日本中学に転入することになった。ここで、キリスト教の洗礼を受ける。
1944年（17歳）：一年早い四年生での受験のため日本に帰国したが、二次試験で失敗する。そのまま伯父の家に下宿をし、仙台市立第二中学校に転入した。ところが、入学した途端、勤労動員で仙台造兵廠に通うことになった。

高校時代
1945年（18歳）：第二高等学校（現：東北大学教養学部）理科に入学する。戦時中であったため、元々半々であった文科と理科の割合は文科50人、理科450人になっていた。1943年から始まった学徒動員で、文科の学生には、徴兵猶予がなくなったためである。8月に、終戦を迎えた。この年に、割当配給だったタバコを吸い始める。
1947年（20歳）：理科生らしい勉強に身を入れていなかったため、理科から文科に転科し大学受験に臨んだ。同年、小学校の同窓会で戦争の慰霊会を行った。この時、妻の和子と出会う。2月に、2・1ストが、進駐軍の命令でつぶれる。

大学時代
1948年（21歳）：東京大学文学部美学美術史学科に入学する。入学式で、学費値上げ反対闘争が起こっていた。秋に、全学連ができる。
1949年（22歳）：大浜の自宅を利用して、コーラスを始める。2年間続けた。

1950年（23歳）：朝鮮戦争が起こる。
1951年（24歳）：別の町で、お母さんたちから、合唱の指揮をしてくれないかと頼まれ、混声合唱の指揮をやる。1961年（34歳）まで続ける。サンフランシスコ条約が結ばれた。
1952年（25歳）：5月1日メーデー事件がおきる。
1953年（26歳）：出版社に就職するまでの5年間大学生活を送ることになるのである。普通なら3年間のところ、5年間になった理由は、1年目はアルバイトなどであまり大学に通わず、最後の卒論を書きだしたら不勉強だと感じたためだった。

出版社入社から自然保護活動まで：1953年～1969年（26歳～42歳）
1950年代（1953～1959）
1953年（26歳）：大学の研究室の同僚であった小泉文夫の縁で出版社に入社する。和子と結婚する。
1955年（28歳）：長男伸夫が誕生する。
1958年（31歳）：次男和夫が誕生する。

1960年代（1960～1969）
1960年（33歳）：60年安保闘争が起こる。
1967年（40歳）：出版社の組合の役員になる。会社の旅行で、奥三河の蓬莱寺山に行く。ブッポウソウの声を聞くためだった。
1968年（41歳）：この年の初めから母親のそばに行き、看病をする。9月に母親が死去する。出版社の組合の役員を辞める。妻和子の勧めで自然教育園の野鳥の講座に参加する。
1969年（42歳）：1月に、新浜の探鳥会に初めて行く。

（2）自然保護活動以後

　誕生から現在までの個人史は、同時に大浜が関わってきた社会環境の歴史でもあると言える。インタビュー内容を歴史の順に並べることで、個人の目を通した日本社会の変遷についても伺うことができる。運動に注目すると、1970年代は活発に行われているが、1980年代は下火になり、1990年代には再び活発になっている。これは、経済状況と密接に関わっていると考察される。活動全般をみると、活動は個人の動きから、どんどんと広い人とのつながりを持ち、最後には、世界的に協力しあうという姿が見受けられた。

第2章　自然保護運動と地域の学び

　以上のように、個人史を示すことは、個人の人生を示すだけではなく、対象者が関わってきた社会環境を示すことにもなる。このような情報が、数多く集まることで、同時代の時代背景と自然保護活動についてより詳しい研究が進むと考えられる。

表2-3-4　大浜清略年表（自然保護活動以後）：1969年〜2005年（42歳〜77歳）

1970年代前後
1969年（42歳）：新浜を守る会に参加する。
1970年（43歳）：宇井純による公害原論が東大にて始まる（大浜は途中から参加する）。
　　7月：東京で開かれた全国初の自然保護デモに参加。
　　7月半ば：大阪南港の野鳥を守る会ができる。9月：仙台で蒲生を守る会ができる。仙台新港に反対する。
1971年（44歳）：3月28日千葉の干潟を守る会結成。房総の自然を守る会（会長：石川敏雄）も結成する。
同年6月：全国自然保護連合ができ加盟する。7月1日：環境庁が発足する。（初代長官は山中貞則総務庁長官兼務、2代長官：大石武一）
1972年（45歳）：「東京湾の干潟保全と埋立中止」国会請願をやる。自然環境保全法ができる。
1973年（46歳）：水質汚濁防止法、公有水面埋立法が改正された。環境庁長官は三木武夫である。70年代初めは環境関連の法整備がされた年だった。
　同年9月：シギ・チドリ一斉カウントを全国に呼びかける。習志野周辺がシギ・チドリ数全国1位。
　9月：通称「大蔵省水面」を「谷津干潟」と名づけ、保護活動を練る。
1974年（47歳）：千葉県野鳥の会を作る（＝日本野鳥の会千葉支部）（代表：石川敏雄）
　同じ頃：東京湾漁民会議代表の渡辺栄一とともに埋立反対運動をする。
1975年（48歳）：9月：第1回全国干潟シンポジウム：汐川（豊橋市で）
1976年（49歳）：第2回全国干潟シンポジウム：千葉、漁民にも参加してもらう。
　同年12月：石原慎太郎が環境庁の長官になる。このとき環境庁は、物言わぬお役所になった。
1970年代後半：日本野鳥の会が、サンクチュアリ運動を始める。
1977年（50歳）：3月：国会で環境庁自然保護局長が、谷津干潟を鳥獣保護区特別保護地区に指定すると答弁。習志野市長がごねる。
　同年6月：第3回全国干潟シンポジウム：諫早

71

同年6月：全国自然保護連合の執行部総入れ替え、大浜が理事長代行を引き受けることになる。
1978年（51歳）：富津埋立。縦覧についての知らせがなかったが、自然保護十数団体によびかけて環境アセスメント批判の意見書提出

1980年代
1981年（55歳）：千葉県野鳥の会が、日本野鳥の会から分離する。
1980年代初め：フェニックス計画ができる。
1986年（59歳）：出版社を退職する。妻和子と、ヨーロッパ旅行に3週間行く。帰国後から、フランス語を4年半ほどやる。
1988年（61歳）：グルノーブル大学の夏期講座に参加した。
1989年（62歳）：二度目のヨーロッパ旅行に妻和子と行く。ドイツ語の学習を始める。
同年：名古屋で国際干潟シンポジウムを開く。これが、日本湿地ネットワーク結成のステップになる。

1990年代以降
1990年代以降：臨海開発が盛んになる。
1991年（63歳）：日本湿地ネットワークができる。
1993年（65歳）：三番瀬の再生計画がでる。
　釧路で、ラムサール条約締約国会議が開かれる。
　谷津干潟が、ラムサール条約に登録される。
1996年（68歳）：三番瀬を守る署名ネットワークを作る。三番瀬署名運動が始まる。忙しくなったため、ドイツ語の講座をやめる。オーストラリア・ブリスベン市での「第6回ラムサール条約締約国会議」に誘われるが、石川敏雄に行ってもらう。
1998年（70歳）：習志野市とオーストラリア・ブリスベン市が提携湿地を結ぶ。大浜もオーストラリアに行った。
2001年（73歳）：三番瀬埋立計画を白紙撤回することを、千葉県知事が表明する。
2002年（74歳）：三番瀬再生計画検討会議（円卓会議）に参加。
2004年（76歳）：三番瀬ヤミ補償裁判原告団の一人として活動。

4 大浜は「なぜ」自然保護活動に関わっていったのか

　大浜が、最初に参加した自然保護活動は、1969年の新浜を守る会である。そこまで至る経緯を以下に抽出した。

①1967年に出版社の組合の役員になる。60年安保からの労働運動が発展して、新左翼が誕生したときで、仲間同士の争いが起きるなど、精神的に疲労した。
　　　　　　↓
②1968年、組合の役員で精神的にまいっていたときに母親が肺がんになり、手術のかいなく死去した。同時に出版社の組合役員をやめた。
　　　　　　↓
③①②の出来事により精神的疲労がひどくなった大浜をみかねて、妻の和子が自然教育園の野鳥講座に参加しないかと持ちかけた。
　　　　　　&
④大浜は、音楽に興味を抱き音楽関係の仕事についていたこと、会社の旅行で蓬莱寺山でサンコウチョウに出会ったこともあって、鳥の声には興味をもっていた。
　　　　　　↓
⑤③と④があわさって、1968年9月から1969年3月までの半年間自然教育園の野鳥講座を毎月2回受講することになった。
　　　　　　↓
⑥自然教育園の野鳥講座に参加していたときに、新浜の探鳥会に誘われ、1969年の正月の探鳥会に初めて参加した。
　　　　　　↓
⑦新浜の探鳥会で、自分の身近にこんなに素晴らしい鳥の生誕地があるのだということを知った。新浜に夢中になって、土曜も日曜も欠かさず行くようになった。
　　　　　　↓
⑧1969年に市川一期の着工がされ、素晴らしいと感じた土地が、みるみる間に開発で改変されていく姿を目の当たりにした。

↓
⑨1969年新浜を守る会に参加した。

　以上、示した①〜⑨の流れは、大浜が直接体験してきたものである。これらに加え、インタビューの中で、どうしてそういう運動が起こったかという点に関し、労働運動から環境運動への流れを語ってくださったこともあった。人生体験において時代背景が大きく関わっていると考え、時代に影響を受けた体験の流れを以下に示す。

⑩第二次世界大戦をはさみ、戦前・戦時中・戦後のキリスト教者としての立場を体験する。これは、少数者としての体験であり、如何に生きるか強く考えた体験をする。(高等学校時代)
↓
⑪戦後、学生運動が盛んになった時代に生きた。自らも、大学等で学生運動に参加していた。
↓
⑫1950年代は、メーデーが盛んに行われていた。これには、歌の指導をしにいったりしていた。1960年に起こった60年安保闘争は、結局抑圧されて終わった。
↓
⑬1960年代後半になり新左翼が登場し、暴力行為が起こったりする
↓
⑭⑬により、直接的な政治行動に幻滅しながらも、政治に対する不満は高まる。
↓
⑮1960年代後半になり、公害問題が大きく取り上げられ始め、環境の悪化も目に見えるようになってきた。
↓
⑯⑮から市民の中に環境意識が広がり始め、⑭のように抑圧された気持ちのはけ口が環境運動になった。

　⑯にあたる部分が、丁度新浜を守る会の活動に参加する時期にあたっている。以上のように、大浜が活動に加わった要因は一つではなく、自らが体験

写真2-3-2　海苔ひびがある風景

（提供：大浜清）

写真2-3-3　干潟のシギ・チドリの群れ

（提供：大浜清）

した事象と時代背景が密接に関わっていた。

　インタビューのいくつかの場面の中で、大浜がどのような思いで活動に関わってきたのかが示されていた。そこで、一例として、1969年に新浜を守る会に参加するところから、千葉の干潟を守る会を結成して1972年に国会請願を出すまでの思いに注目し、以下にまとめた。

1969年に、新浜を守る会に参加する。
　新浜を守る会は、新浜を鳥の保護区として1,000ha要求した鳥好きの人による活動であった。
↓
　　　1969年80haの保護区が設置され、市川一期が着工となった。
↓
新浜を守る会の蓮尾純子が、「たった80haの保護区と千葉県の埋立を引き換えにしたのではないか。免罪符を渡しちゃったのではないか」と言った。この言葉に愕然とした。
↓
新浜に行く度に環境が変化していた。サギが恨めしそうに見ている風景に出会い、貝の死骸で山ができている現状を目の当たりにした。
↓
1971年正月、新浜を守る会の中心人物であった蓮尾純子と東邦大学の学生だった松田道夫が待ち構えて、「次は、習志野だけどなんとかしなくていいのか」と言った。
↓

そう言われて後には引けず、会結成に向けて動き出した。会結成日まで、事前調査を行った。
↓
1971年3月28日、千葉の干潟を守る会が誕生した。総勢17人、半分は東邦大学野鳥の会の面々だった。この会には、警察署に勤めている人も参加していた。最初に関わったのは、習志野の埋立反対運動であった。
↓
新浜の活動で、鳥の保護区要求だけでは、埋立は止まらないと思った。そこで、住民主体の活動にしていくことにした。
↓
住民に関心を持ってもらうため、話かけてみた。
↓　その結果
元々その土地に住んでいた人：反対への踏ん切りはつかない。
↓
↓　埋立地の新住民：反対運動に参加。
↓
埋立地に住んでいる人たちが反対することに対し、元々その土地に住んでいる人たちが、「反対する者たちは埋立地に住んでいるのに」ということもあった。
大浜は、「じゃあ、何であんたは埋立賛成なのか。あんたが反対したくても、できないことをやってくれてるんじゃないか」と言った。
↓
↓　習志野の埋立反対運動を通して思ったこと
↓
住民のエゴかもしれないけど、資源を享受するのは、本来国民全体の中にある一人一人が持っている権利だったと思う。
↓
新浜を守る会などで体験したことを生かして、次の考え方を展開した。
・生態系とその生息する場の保護という見方の展開
・浚渫埋立が海底も破壊する
・干潟の浄化作用について公に展開
↓
習志野の埋立が着工された。その時、幕張海岸にヘドロが流れこむ様子を

見た。貝が必死になって逃げていく様子も見た。
↓
↓習志野の埋立反対運動と着工された後の体験から
↓
1972年「東京湾干潟の保全と埋立中止」国会請願

ここで示した事項をまとめると以下のようになる。最初に運動に参加した新浜を守る会では、鳥がかわいそうだという視点から鳥の保護区要求に関わった。それが、埋立の現状を目の当たりにし、鳥だけでなくゴカイやカニなどの生物に触れることで、生態系とその生息する場所を守らなければならないという視点に変わる。そして、千葉の干潟を守る会を結成した時には、鳥の保護だけではもう埋立はとまらないと考え、地元住民の運動に展開していくのである。この時の大浜の思いは、干潟は、海は、自然は誰のものか、資源を享受する権利は国民にあるのではないかというものだった。そんな思いをよそに、干潟は埋め立てられ、ヘドロがあたり一面に散らばるようになった。この変化が、東京湾干潟の保全と埋立中止国会請願へ結びついていくのである。

以上に示したように、鳥という点から干潟の生態系という面あるいは空間への保護対象の拡張、さらに住民の生活環境の保全運動へと、大浜の自然保護観は変化していった。その過程で、大浜は環境権という考え方に到達し、自然保護と公害という環境問題を統一的にとらえるようになった。ここに干潟の持つ教育力、また運動が持つ教育力を見ることができる。机上の保護教育とは違

写真2-3-4　埋め立て中の干潟

沖合の海底から吸い上げられた泥水がサンドパイプからが噴き出す。（提供：大浜清）

写真2-3-5　埋め立て反対のシンボルマークと団地に掲げられた意思表示

1976年、袖ヶ浦団地のほとんどの住宅のベランダに、埋め立て反対のシンボルマーク、「寄り目のハゲ坊主」が掲げられた。（提供：大浜清）

った、現場と社会に根差した学びは、一つの活動から発生した思いを次の運動へと発展的につなげていった。初めの自然への思い入れが、現場の自然と、運動によって学んでいく仲間の存在によって持続し、環境権や住民自治の意識へと発展的に確立していくことを大浜の軌跡は示していると言えよう。

習志野の干潟埋立反対運動を振り返って次のように語った大浜はとてもうれしそうだった。

「……習志野なんかに住んでる人たちもね、袖ヶ浦団地に住んでいた人たちも、海には背中を向けて住んでいたわけ、それまで。で、仕事民なんていう言葉があるように、東京と住民との間の地点、間のことはむしろ飛び越えて、東京のことは意識しているわけ。団地に居た人たちが言っていた。埋立反対運動が起こって初めて、団地の外の周りを見るようになったって。それは、とってもうれしかった。団地から一歩外に出て、駅までの間のその過程は、もうバスしかなかったって。バスの周りの地域のことは目に入らなかったって。それで、自分の後ろの背中のね、海だけが見えればよかったって。

第2章　自然保護運動と地域の学び

初めてね、そういうのが目に入って、自分が習志野市民だという意識を初めてもったってね……」

注
（1）飯島伸子『環境問題の社会史』（有斐閣、2000年）320ページ。
（2）木原啓吉「東京湾岸の自然保護運動」（『公害研究』1983年）45〜48ページ。
（3）若林敬子『東京湾の環境問題史』（有斐閣、2000年）408ページ。
（4）桜井厚『インタビューの社会学』（せりか書房、2002年）300ページ。
（5）中野卓『口述の生活史―或る女の愛と呪いの日本近代―』（御茶ノ水書房、1977年）232ページ。
（6）L.L.ラングネス・G.フランク　米山俊直・小林多寿子訳　『ライフヒストリー研究法』（ミネルヴァ書房、1993年）222ページ。
（7）前掲注（4）。
（8）前掲注（6）57ページ。

第4節　高尾の自然保護運動

1　はじめに

　東京都西部の八王子市にあり、年間250万人の登山客が訪れる高尾山において、1984年以来自然保護運動が続けられている（**図2-4-1**）。この運動は、首都圏中央連絡自動車道路（圏央道）の建設工事計画が持ち上がり、生活の場が用地として収用されるのを防ごうという地域住民の反対運動によって始まり、その後住民の学習の積み重ねにより地域の自然をも守ろうという自然保護運動へと定着していったという特徴をもつ運動である。

　また、この自然保護運動は、都心に近い立地で国策としての道路工事計画に反対する開発批判の特徴も持つ。地域住民による自主アセスメント活動をはじめとし、高尾の自然について住民が自らの手で知識を深め、その自然環境がどのように固有であり、地域住民の生活にとってどのような意味を持つかということについて学習を重ね、生活の場の一部として認識するようになったことから、自己教育運動としての性格を強くもつようになったことは、

図2-4-1　東京都八王子市の位置

第 2 章　自然保護運動と地域の学び

日本の自然保護運動史に意義付けられることではないだろうか。

本節はこの自然保護運動の特徴に注目し、運動の経緯と内容についてまとめ、自然保護教育における高尾の自然保護運動の意義を抽出した事例研究である。

2　運動の歴史的変遷

（1）計画発表までの経緯

1960年、池田勇人首相のもとに第一次全国総合開発計画、いわゆる一全総がつくられた。これは戦後の経済復興を果たし、さらには高度経済成長を遂げていく日本を支えた力のひとつである、総合的な国土利用としての開発を内容とする「全国総合開発計画」の第一次計画である。この一全総に自動車道のネットワークで全国を結ぶ構想が盛り込まれ、その具体的計画として建設省は1967年に「東京第三外郭環状道路」の計画を提案した。1969年には「東京環状道路」計画として、経済調査や路線調査など基礎調査がはじまり、圏央道のアウトラインが描かれようとしていた。同じ年に第二次全国総合開発計画が「新全国総合開発計画」（二全総、新全総）として発表され、ここでは一全総期のいざなぎ景気を受け、全国的な都市化を加速させるために大規模プロジェクト構想を開発方式としてあらたな高速道路、空港、新幹線などの建設案が掲げられ、さらなる開発志向が示された。1976年に国土庁が「第三次首都圏計画」をまとめ、「東京環状道路」を「首都圏中央連絡道路」と改称。首都圏における各都市間の連絡道路としての色彩を強める目的のためである。これを受けて、1978年には秋川市、五日市町、日の出町が「秋留台地開発協議会」を設置するなど、東京多摩地区の各市町村はまちづくり構想や基本計画をまとめ、開発に向かって動き出した。さらに2年後には日の出町が秋留台地を産業発展の場とする長期総合計画を発表した。1981年には多摩地区選出の衆議院議員が中心となり八王子市など10市町村による圏央道促進協議会を発足させ、翌年には東京都が長期計画として広域幹線道路に「圏

図2-4-2　2008年4月現在の道路概観図

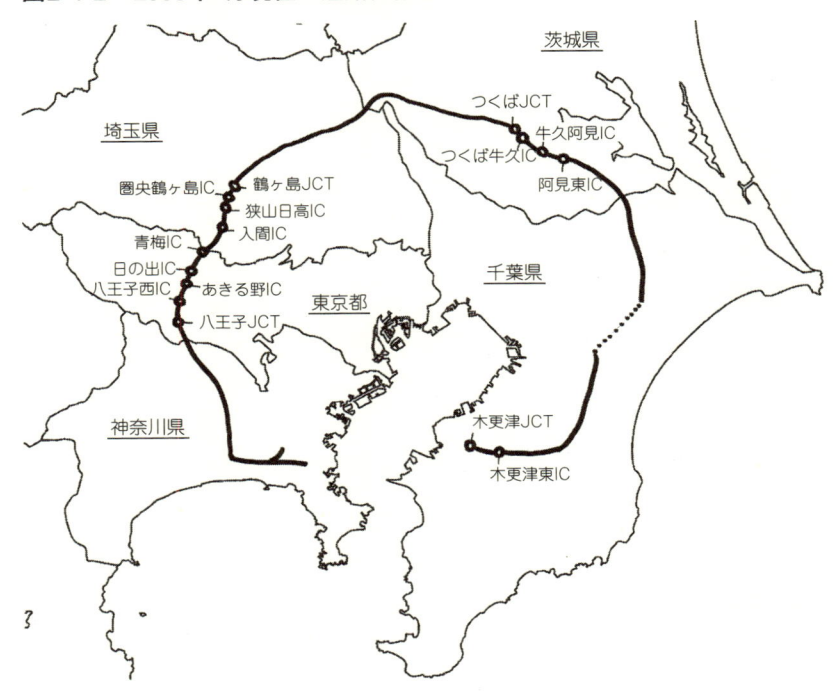

「央道」を位置づけるなど、行政のうちでは着々と準備が進められていた（**図2-4-2参照**）。

（２）計画発表から反対運動としての自然保護運動のはじまり

　このような行政内での経緯を経て1984年6月に正式に八王子市に計画提示がなされ、8月には八王子市議会で圏央道計画案（1995年完成）が正式に発表され、その中では高尾山へトンネルを通すことと、インターチェンジが2箇所（八王子北インターチェンジと八王子南インターチェンジ）設置されることが計画されていた。10月からは計画路線範囲内に在住する住民への説明会が建設省と市町村合同で始まり、これにより住民への正式な計画発表がなされ、立退き対象は約360世帯あることがわかった。同時に建設省は裏高尾

第2章　自然保護運動と地域の学び

における環境影響調査（環境アセスメント）をはじめた。また道路建設だけではなく、企業誘致などの大規模開発も抱き合わせとして計画されていた。1984年6月に秋川市（現あきる野市）は、秋留台地域の一角である菅生丘陵に6地区の工業団地を整備し、数千人の就業を見込んだ企業を誘致するという内容で、工業団地・菅生インダストリアルパーク構想を発表した。

　1984年の計画発表を受け、八王子市南浅川町・裏高尾町の住民による反対運動が開始され、同年末には摺指、荒井地区住民によって「裏高尾圏央道反対同盟」（事務局長：峰尾幸友）が結成された。また秋川市牛沼地区においても「牛沼地区圏央道反対同盟」が発足した。1985年には八王子自然友の会、多摩川水系自然保護団体協議会、三多摩勤労者山岳連盟の自然保護3団体が主催となり、シンポジウム「高尾山の自然を考える集い」が八王子市内にて開催され、一般市民を含む約200名が参加した。ここでは高尾山周辺、特に圏央道がトンネルから出る裏高尾町にて、地域住民総出の調査によって接地逆転層という気象現象が起こることが発見され、圏央道建設反対運動の継続的な科学的学習の成果として紹介された。これはその後の住民らによる自主環境アセスメント実施の発端となった。

　同年中頃に「高尾山自然保護実行委員会」（代表：吉山寛、事務局長：大和田一紘）や、「圏央道反対同盟連絡会」が結成され、建設反対運動と自然保護運動が活発化していった。なかでも注目すべきは、前年秋からの建設省による環境アセスメント調査開始と、前出のシンポジウムにおける接地逆転層の紹介を受け、裏高尾ジャンクション予定地にて自主的な環境アセスメント調査（以下、自主アセスと略す）を開始した。これは多くの学者の協力を受けながら、裏高尾住民150名総出で、主として裏高尾における気象観測や大気汚染や騒音の調査を1年間実施したものである。これに基づき1986年に裏高尾圏央道反対同盟が自主アセスの中間報告を発表し、その数ヵ月後に東京都から、八王子市内の国道20号線から圏央道予定戦の埼玉県境までの圏央道に関する環境アセス案が発表され、説明会が行なわれた。これを受けて高尾山自然保護実行委員会はアセス案に対し3,000通の意見書を提出し、計画

撤回の要請署名13万2,000名分を提出した。さらに翌年、裏高尾反対同盟は結成3周年として1,000名が参加する集会を圏央道ジャンクション建設予定地内の梅林にて開催し、八王子市内をデモ行進した。これ以後この集会は「天狗集会」と呼ばれ、現在まで毎年夏に開催されるようになり、1989年以降は3,000人規模の集会となった。

この間、国や東京都をはじめとする行政側では、1984年発表の菅生インダストリアルパーク構想にみられるように、東京近郊の都市改造計画と圏央道計画を一体として考え、1985年に国土庁が「首都改造計画」を、翌年には東京都が「第二次長期計画」を策定していた。この流れを受けて、1988年に秋川市（現あきる野市）は第三セクターの秋川総合開発公社を設立し、土地の買収、造成に取り掛かり始めた。

同1988年に住民側の動きとしては「高尾山の自然をまもる市民の会」が八王子をはじめ首都圏や全国の市民団体や個人によって結成され、自然保護運動が展開されていくこととなった。この会の当時の代表的存在であった山田和也は同年はじめの八王子市長選挙に出馬し、市民の憩いの場である高尾山にトンネルを掘る圏央道には反対を選挙スローガンに掲げたが、45％もの得票だったが僅差で敗れた。これは多くの八王子市民が圏央道に注目していたことを示すものである。既に開業していた中央自動車道によってもたらされていた健康被害に因るところも大きいだろう。

（3）自然保護団体の現出と訴訟

反対の声が続く中、1989年に東京都は東京都分に関する圏央道を都市計画として決定し、建設省は圏央道関係地域で測量・地質調査、地元説明会を実施しはじめた。特に住民の反対が強い裏高尾地区においても住民説明会が行なわれたが、裏高尾圏央道反対同盟に結集する住民関係者を排除し、地権者約60人のうち4人に対し説明会を強行した。このため住民が強く抗議し、結局説明会は流れるという騒動も起こった。そのような状況下、年末には建設省によって八王子市下恩方町の圏央道八王子北インターチェンジ予定地で杭

第 2 章　自然保護運動と地域の学び

打ち式を強行した。

　建設省の姿勢は強硬であるとして、同じ頃圏央道予定地にナショナルトラストを行なおうという運動が発展し、「高尾山自然体験学習林の会」が結成された。この会では裏高尾町の圏央道予定地の土地所有者の賛同を得て借地権を登記するもので、1992年からは約2,500本の梅林、雑木林を購入して立木トラスト運動を展開した。

　1992年には建設省は4回にわたる都市計画法に基づいた住民説明会を終了し、事業者による用地買収を開始した。2年後の1994年には裏高尾地区での圏央道予定地の路線測量、地質調査を反対の中強行し、ボーリング調査などを行なった。

　翌年、圏央道に反対する市民が集い圏央道予定地の土地を購入し工事を阻止しようと、土地トラスト運動を展開するため「地権者の会・むさ、び党」を結成し、八王子市南浅川町の予定地の2箇所を購入し、トンネルが掘られないようにするため反対の拠点とした。

　1994年のボーリング調査以降、八王子城跡内を流れる滝が枯渇するようになったことが住民によって発見され、また1996年には市民有志によって、圏央道八王子城跡トンネル北口坑口付近で絶滅の恐れがある危急種としてその保護が義務付けられているオオタカの営巣が発見された。これらの事実を受け同年に裏高尾反対同盟をはじめ複数の自然保護団体によって、八王子市内にある建設省相武国道事務所に対し圏央道工事の中止とオオタカの調査が要求された。

　この間、青梅インターチェンジ～鶴ヶ島ジャンクション間の圏央道埼玉県部分が開通し、他地域での工事は進んでいった。1998年に建設省がオオタカの営巣確認で八王子城跡トンネル（仮称）の工事手法の見直しを表明し、その半年後には北浅川橋、八王子城跡トンネル工事が開始された。この夏に毎年恒例となっている圏央道反対14周年3,000人集会が開催され、ここで「高尾山宣言」がなされ、地元住民にとっての高尾山の重要さなどが訴えられた。また「高尾山にトンネルを掘らせない100万人署名」の運動が始まった。

なお八王子城跡の保護運動は、従来は歴史研究者らが民間業者の開発による史跡の破壊から城跡を守る運動であったが、これまでの経緯をふまえ、2000年1月に「国史跡八王子城とオオタカを守る会」が結成され、城跡とオオタカを守る運動を一層活発化させた。

　2000年建設省は土地収用法に基づく事業認定を告示し、事実上土地が強制収用されることとなる。これが契機となり、これ以上圏央道工事の進展を認めるわけにはいかないという考えのもと、反対運動に結集してきた自然保護団体や賛同する市民らを原告とし、圏央道工事差止めを求める民事訴訟と、圏央道工事（東京都八王子市下恩方町北浅川橋橋梁工事部分～同市南浅川町インターチェンジ工事部分）事業認定取り消しを求める行政裁判、併せて「高尾山天狗裁判」が同年起こされた。被告は「国、日本道路公団の圏央道新設工事やそれに伴う付帯工事を行なうもの」とし、原告の団体は「高尾山自然保護実行委員会」「高尾山の自然を守る市民の会」「高尾自然体験学習林の会」「国史跡八王子城とオオタカを守る会」「地権者の会・むさゝび党」「高尾・浅川の自然を守る会」「東京都勤労者山岳連盟」の7団体である。さらに原告には高尾山、ムササビ、ブナ、八王子城跡、オオタカの5自然物も含まれている。この訴訟の特徴は、高尾山に生息する動植物や付近に存在する城跡、さらには高尾山自体が原告として設定され、それを守ろうと運動する人間が代弁をするという、いわゆる自然の権利を訴え、それをどう認めるのかという争点になっていることである。また、圏央道建設という公共事業と、土地の収用により現在の生活の場を奪われる住民たちの土地所有権・土地利用権・立木所有権・人格権・環境権・景観権とをはかりにかけ、これら住民の権利を侵害してもそれに見合う事業であるのか否か、公共事業の公共性が問われていることも争点であり、これら2つの争点をもつことがこの高尾山天狗裁判の特徴だといえる。

　天狗裁判はその後も継続しており、最終的な判決は出ていない状況である。この裁判を通して原告の住民たちは弁護士との学習会を重ねる中でさらに、気象条件や滝枯れなどについて有識者にも分析の協力を要請しつつ調査を続

けている。なお、自然物の代理訴訟、いわゆる自然の権利訴訟の形をとった裁判の原告の一部である自然物については2001年に原告適格がないとして訴えを却下され、控訴したものの、これもまた棄却された。

3　住民による自然保護の取り組み

　圏央道建設反対をめぐっての、自然保護運動の中身ともなる、住民の取り組みについて、自主アセスメント運動と立木トラスト運動の２つの活動について取り上げる。

（1）自主アセスメント運動
　1985年１月に八王子自然友の会、多摩川水系自然保護団体協議会、三多摩勤労者登山連盟の３団体による「高尾山の自然を考える集い」が行われた際に圏央道反対運動の科学的な調査研究の成果として逆転層の現象が紹介され、これが住民による自主環境アセスメント実施の発端となった。高尾山自然保護実行委員会などが中心となり自主アセスを進めていく住民を裏高尾、浅川で募り、のちに有識者などを含み構成されていった。
　大気の温度は、通常は高いところへいけばいくほど低くなるが、時として下の方ほど気温が低く、上に行くにつれて気温が上昇するという現象が発生することがある。これが逆転層である。特に冬の晴れた夜間は雲がないため熱の反射が行われず、地上からの熱気がどんどんと上へ上へと放射され、これにつれて地面に接した空気の温度が低下する、いわゆる放射冷却が起こるが、この状態が長く続くと上空よりも地上に近い部分が気温が低いという接地逆転層が発生する。本来はこの接地逆転層は風により周囲の暖かい空気とかき混ぜられ消えるのだが、山の陰となって日があたらない場所は一日中この現象が起きたままの場合がある。八王子城跡をくぐったトンネルが外に出てくる裏高尾は立地的にまさにこの逆転層が起こりやすい場所となっており、この逆転層ができると大気が循環しなくなりそこに汚れた空気がなだれ込ん

できた場合、この汚れた空気が循環せず高濃度の大気汚染が発生してしまうということが懸念されている。圏央道計画では高尾山トンネルとその北側の城山トンネル内の換気をはかるため裏高尾ジャンクションの中央部に巨大な換気塔を建てることになっている。この2つのトンネルは裏高尾の標高150mのところに向かってどちらも上り坂として作られる。当然エンジンをふかし排気ガスの量も増えることだろう。トラックのような大型車両ではなおさらのことだ。この強制的に排気された汚染された空気は、谷間に押し込まれこの高尾の自然を一気に破壊してしまうことだろう。このようなことが1985年からの自主アセスにより明らかになった。

この自主アセスの中心になった一人が高尾山自然保護実行委員会、高尾山自然体験学習林の会代表の吉山寛である。高校教諭であった吉山は植物に詳しく、のちに高尾山天狗裁判原告団長にもなった高尾での建設反対運動、自然保護運動の立役者と言える。呼びかけで集まった裏高尾住民150名と、日本科学者会議の研究者をも交えて共同で調査とアセスメントを行なっていった。これによりアセス手法の不完全・不備、裏高尾での接地逆転層の発生、トンネル掘削による地下水への影響など、建設省側が提示したアセスメントに対する指摘は多岐にわたった。その成果は、『圏央道計画の総合アセスメント』（武蔵野書房、1988年）として出版された。

東京都アセス審議会はこれらを無視できず、環境影響評価書に対して異例とも言える57項目の問題点を指摘せざるを得なかった。新聞各紙は、政府が行ったアセスを落第点の圏央道アセスと報じた。ここでは逆転層の発見の他にも、騒音調査の結果、静かな山間の谷である裏高尾町は圏央道が出来れば環境基準を超える騒音地域となる事も判明した。さらにかつて中央自動車道建設の際、排出された100万㎥の残土は裏高尾の谷に捨てられ、積み上げられた小仏トンネルの残土でできた人工の山により裏高尾の谷の景観は一変してしまったことも指摘した。

1986年4月、裏高尾圏央道反対同盟はこれらの自主アセスの結果に基づいて中間報告を発表した。同年9月、東京都は、八王子市内国道20号線から埼

玉県境までの圏央道に関する環境アセス案を発表し、説明会を行った。八王子・秋川・羽村・青梅など関係地域での東京都の説明会では、東京都は住民からの自主アセスに基づく質問に答えられなかった。説明によるとここで提示された環境アセス案は現地実踏調査ではなく植物については既存の文献をよりどころとして作成されたことなどから、環境影響評価が問題になり説明会はしばしば紛糾し徹夜騒ぎとなった[1]。これを受けて11月に高尾山自然保護実行委員会は、東京都のアセス案に対し3,000通の意見書を提出し、計画撤回の要請署名13万2,000名分を提出した。このように批判が住民から相次ぐ中、1988年12月に建設省は圏央道に関する環境アセス（北側アセス）を発表し、1989年3月、圏央道に関する東京都分の埼玉県境の青梅市から高尾山南麓の国道20号までの間22.5kmに関する都市計画決定を行なった。

　以後、住民総出での大規模な自主アセス調査は行なわれていないが、原告団を中心として今もなお環境や健康などへの影響調査が引き続き行なわれている。

（2）立木トラスト運動

　立木トラスト運動とは、前出の吉山が同じく代表を務める高尾自然体験学習林の会が、1989年から裏高尾町の地主の協力を得て、圏央道建設予定地内の土地に借地権を設定し賛同者の共同の借地権として登記するトラスト運動をはじめたことを発端としている。日本における立木トラスト運動は、イギリスのナショナルトラスト運動を参考に1977年から始まった「知床100平方メートル運動」に端を発している。その後全国でこの手法がとられるようになり、高尾の運動においても取り入れられるようになった。さらに1992年からは約2,000本の梅林、雑木林、スギ林を購入し、賛同者に販売し、その所有権をもって会員とする、立木トラスト運動として展開されてきた。高尾自然体験学習林の会で借りている土地は梅の里トラストと猪ノ鼻山雑木林トラストと呼ばれる八王子市裏高尾町内5箇所の合計7,712㎡である。立木トラストとして所有する土地も全て裏高尾町内の民有林である。いずれも圏央道

建設予定地となっている。「道路建設反対」などの札や所有者の名前を木に記していた。

　高尾山は標高599mと低いが、約1,300種に上る植物だけでなく、約5,000種の昆虫、100種を超える野鳥など多くの生物の生息が確認されており、自然観察会を行なったり生物学研究を目指したりする人のフィールドになってきた。ここに道路が建設されれば、車の排ガスによる大気汚染、振動公害、照明公害などで生き物に与える影響は大きい。また、トンネル掘削で水脈が切れる恐れもあることから、地域住民が自主環境アセスメントを実施し、建設反対を訴えたが国側は計画の遂行を主張し続けている。そこで吉山代表が何か有効な反対運動がないかと模索しているとき、立ち木に所有権を主張すれば、その木が生えている土地は自由にできないという既に岐阜県においてゴルフ場建設反対のために行なわれていた手法「立木トラスト」を学んだことにより、立木トラストの運動が始まったのであった。

　しかし2005年、高尾山トンネル工事を始めるために、高尾山南側のトラスト地などの土地収用のための事業認定の手続きが始まった。中央道北側のジャンクション予定地にあった裏高尾の立木トラスト地などは結局強制収用され、土地と立木の所有権はすべて日本道路公団に移った。中央道南側で高尾山北側、高尾山南側の南浅川インターチェンジ予定地（含むアクセス道路である八王子南道路予定地）でも、立木トラストのほか、地権者の会むさゝび党よっても土地トラストが行われ、工事の開始に抵抗していたが、これらのトラストに対しても、土地収用事業認定のための手続きが開始された。これにより自然保護運動としての立木トラスト運動は実質的に終わりを迎えることになるが、このトラストをめぐる住民の奮闘の歴史は永く記憶されるべきことであり、収容されていない林における維持管理や自然観察会を通して、高尾の自然をみつめなおす学習は継続していくことだろう。

第 2 章　自然保護運動と地域の学び

4　圏央道建設と今後の自然保護運動の課題

　2006年7月、八王子ジャンクションと高尾山トンネルをつなぐ橋梁建設工事の説明会が行なわれ、土地収用法に基づいて猪鼻山トラスト地と、南浅川のむさゝび党が所有する土地トラスト地に立ち入り調査が入り、8月から工事に伴う伐採が開始された。さらに10月には同トラスト地の強制収用に向けて手続きがはじまった。これにより、建設反対として進めてきた立木トラスト運動や土地トラスト運動は収束することになる。また高尾山天狗訴訟のうちのひとつ、工事差止めを求める民事裁判は年末にかけて大詰めをむかえ、2006年12月末に原告側の最終弁論が行なわれた。この間、毎年恒例の圏央道反対22周年集会と天狗パレードは予定通り開催され、弁護団を含む原告団体や住民による八王子城跡での滝枯れに関する調査、アセスメントは引き続き行なわれていた。滝枯れに関しては、12月結審の際、圏央道工事が原因であることを立証するために短期間ながらもさらなる調査や検討が行なわれた（図2-4-3）。

　夏に強制収用が始まったが、原告の住民や自然保護団体はそれまで続けてきた反対運動の姿勢を崩さなかった。原告である地権者の一人は、2006年に行なわれたある圏央道問題に関する勉強会において、今後訴訟が最高裁までいけば圏央道建設工事において違憲があるかないかが問われるが、原告が求めるような判決になるかどうかは非常に難しい、と語った。つまり、圏央道は最終的にはきっとできてしまうだろうという見方を持っている。これはこの地権者のみならず、原告である自然保護団体や地権者の多くがそのような認識はもっているとのことであった。しかし「我々は運動や裁判などで、どうしてもこの不正は許さない、という姿勢を崩さず戦っていかなければならないと考えています」[2]というある地権者の言葉から伺えるように、それでも圏央道建設は不正であり、あくまでも阻止しなければならない公共事業として、運動を以後も続けるという意志がみえる。

91

図2-4-3　八王子城跡トンネルとジャンクション

注：撮影・宍戸大裕

　圏央道がこの先完成した場合、公共事業を阻止できなかったからといって、自然保護運動がなくなるのか、という問いが出てくるが、発端であった圏央道ができてしまうことになったからなくなる、下火になるのではなく、引き続き高尾の固有の自然を守る運動として戦略を練り直し、普遍的に行なわれていくことが必要である。地域住民にとっては、自然保護運動を継続していくことは生活を守り維持していくのと同様に重要なことなのだという意味を示せるだろう。今後も高尾地域における住民による自然保護運動を展開していくことが、今後の自然保護団体や住民の課題であるといえよう。

5　自己教育運動としての高尾の自然保護運動

　自然保護教育の実体は自然保護運動そのものであり、開発に抵抗する運動としての性格をもって行なわれてきたものである。したがって、地域の文化や自然を総合的にとらえて地域課題を解決する機会になりうる自然観察会に代表されるように、自然保護教育そのものにも開発批判の側面が内在しているはずであり、そこから派生した草の根の運動というスタイルの中には、開

第2章　自然保護運動と地域の学び

発に抵抗する運動の側面が受け継がれていったとみることができよう。高尾地域において、圏央道建設計画撤回とそのための自然保護を目的として学習会やイベントを積み重ねてきたことはまさに自然保護教育の実践といえるだろう。現在は自然保護に関わる市民団体が多様化、体制化していく中で、さらには全国のインフラ基盤がほぼ整ってきた中で、自然保護教育の開発批判とそれに抵抗する運動という側面は薄れつつある。自然保護の活動は個人のライフスタイルを重視し、それに合わせて活動するという形も多くなりつつある。しかし高尾のように、特定の地域において、地道な自然保護を続ける草の根の活動もその一方で残っている。そこでの学習の積み重ねとしての自然保護教育は、草の根の活動を行なう地域住民、活動に参加したことから関わるようになった周辺の人々の、自然を知り、課題解決のための手法を模索する自己学習と相互の学びあいによって成り立ってきている。この自然保護教育の成立は、自然保護をおこなう住民の自己教育機能そのものであろう。自然保護教育は自己教育運動としての性格を今もなお持っていることがうかがえる。特に高尾の自然保護運動は、圏央道建設計画によって自分たちの生活の場がおびやかされており、なおかつ共存してきた自然も破壊されてしまう、これを阻止しようというところから、問題解決のための手法や身の回りの自然を知ろうとする学習がはじまり、集会や訴訟などの運動へと広がった。このように地域住民が積極的に、高尾に住む者としてどのように過ごしていくべきなのか、どのように協力しあい動いていくべきなのかを模索してきた中に自己教育の過程がみられる。高尾の自然保護運動は単に自然保護をするための運動ではなく、開発批判と自己教育運動としての性格をも持つ自然保護運動として進められている運動であることから、改めて自然保護教育の一側面を見直すことができるのである。

注
（1）酒井喜久子『圏央道土地収用と闘った20年』（太陽出版、2004年）。
（2）多摩自治体問題研究所主催講演会「圏央道問題で何が問われるか」において

の発言記録より。

参考文献一覧
佐藤一子『NPOの教育力』(東京大学出版会、2004年)
鈴木敏正『自己教育の論理』(筑波書房、1992年)
パトリシア・クラントン『おとなの学びを拓く』(鳳書房、2005年)
日本社会教育学会編『成人の学習』(東洋館出版社、2004年)
鬼頭秀一『自然保護を問いなおす』(ちくま新書、1996年)
沼田真『自然保護という思想』(岩波新書、1994年)

コラム

トトロの森、狭山丘陵の自然保護

狭山丘陵の自然保護のはじまり

　狭山丘陵は関東の武蔵野台地にあって丘陵地形をなす。かつての村落地帯が多摩湖と狭山湖の二つの人造湖として変化し、その周りを囲むようにして森林や谷戸が広がっているところである。行政区分は東京都と埼玉県で、東京都には東村山市、東大和市、武蔵村山市、瑞穂町、埼玉県には所沢市と入間市がある。

　狭山丘陵における自然保護の活動は、1970年代後半、早稲田大学の狭山丘陵への進出計画が大きなきっかけとなった。それまでは各々の行政区にあるところで野生生物や文化財を観察していたグループが、自然と文化財の保護とその普及啓発を分担する二つの団体を結成した。1981年に結成した「狭山丘陵の自然と文化財を考える連絡会議（以下、連絡会議）」と「狭山丘陵を市民の森にする会（以下、市民の森にする会）」だ。地域に根ざした自然保護団体（以下、広義のNPO）であり、構成メンバーも狭山丘陵の周辺に居住するものが多かった。最初、拠点となった事務所は、使われていなかった古民家を借りて、「六道庵」という名称で入間市宮寺に置いた。狭山丘陵の保護活動の原点は、土曜日の午後に集まる六道庵にあった。

　早稲田大学進出等に関わる約10年にわたる保護活動後、ナショナルトラストを一つの活動に加えるのは1990年である。狭山丘陵をトラスト地化することにより、たとえ小さな土地であっても開発抑止の効果は高いことを期待し、開発の波が押し寄せつつあった都心側からの防波堤とするためのもの

であった。名称は映画監督宮崎駿氏の協力を得て「トトロのふるさと基金委員会」とし、所沢市小手指に事務所を借りた。連絡会議と二つの団体が財団法人埼玉県野鳥の会とともに幹事団体として立ち上げたNPOで、トラスト以外にもそれまで培ってきた活動を継続した。

狭山丘陵における里山保全の推移

連絡会議は、当時、狭山丘陵における東京都が推進する広大な墓地霊園構想への反対運動を始めた。その経過の中で墓地霊園構想が中止となり、その後、ズーストック機能をもつ都立動物園構想が浮上したが、連絡会議は対抗して狭山丘陵の環境を残すための里山保全の要望書を東京都に提出した。この要望書が受け入れられ、地元の有識者や自然保護のNPO、学識者が集まった協議会として1995年3月に「野山北六道山公園を考える会」が設立され、里山を公園化する計画地の現地見学と協議会が始まった。同時に、自然保護NPOと東京都が定期的に話し合う「野山北六道山公園を考える懇談会」も始まった。このようにして協議会と懇談会を重ね、完成されたのが現在の「野山北六道山公園」である。

一方、埼玉県側でも西武鉄道が開発用地として所有していた森林や湿地の放置地域を含めた入間市宮寺地区を、里山の保全活用のための「雑木林博物館構想」として1986年に埼玉県に提出した。埼玉県と連絡会議は現地踏査と会合を経ながら、西武鉄道の協力を得て、ほぼ要望書のコンセプトや設計構想の内容と変わらない「緑の森博物館」が1996年に設立された。

自然保護に関する学習会

1998年にトトロのふるさと委員会は任意団体から財団法人となった。財団の中で連絡会議は保護委員会、市民の森にする会は普及委員会のメンバーに参画し、活動を展開する。保護委員会は、関東40km圏自動車専用道路計

画を進める「核都市広域幹線道路」の促進期成同盟設立に対し、東京都や埼玉、千葉県の自然保護団体等に呼びかけて任意団体「核都市広域幹線道路に反対する連絡会」を立ち上げた。1996年12月7日の核都市広域幹線道路に反対する連絡会・第1回学習会を皮切りに、1997年2月8日の「核都市広域幹線道路に反対する市民集会」、「脱・車社会」に関する学習会を開催し、道路開発反対の署名活動を展開した。1997年には、2万6,000名を超える署名を集め、7月17日、埼玉県の土屋知事と亀井建設大臣(当時)に提出した。その後、核都市広域幹線道路計画は推進していない。

　保護委員会は、狭山丘陵の「保護の歴史の学習会」を開催した。これは、狭山丘陵における自然保護活動によって保全された成果を学び、共有する目的があった。狭山丘陵やその周辺で活動するさまざまな団体のほか公民館にちらしを置き、市民によびかけた。1998年9月を第1回として「東大和公園・狭山緑地」、10月に第2回「椿峰土地区画整理事業」、11月に第3回「早稲田大学開発問題」、翌年1月に第4回「八国山緑地」、4月に第5回「墓地造成問題とトトロの森1号地周辺」、5月に第6回「緑の森博物館」、9月に第7回「いきものふれあいの里」、11月に第8回「鳩峰公園とトトロの森2号地」、翌2000年1月に第9回「野山北六道山公園横田田んぼ」、2月に最後の第10回「小手指が原公園の実現に向けて」を行った。

みどりの森博物館と協議会

　ここでは筆者の関わりが深い「さいたま緑の森博物館」の活動や協議の内容を紹介したい。「さいたま緑の森博物館」は、埼玉県が狭山丘陵の貴重な景観および自然環境を保全するために始めた事業であり、生産農家が生業を行っている(生きた)里山をも視野に入れた野外展示型博物館である。この博物館は、狭山丘陵の北西部に位置し、入間市宮寺と所沢市糀谷、堀の内にまたがり、85haの面積を持ち、雑木林と谷戸田などの里山景観を残している。1995年7月1日に開園した。博物館の目的は、「狭山丘陵の雑木林を保全し、

写真1　さいたま緑の森博物館の案内所施設と森（2007年8月）

コラム

雑木林そのものを野外展示物とした自然観察の場で、自然の大切さや自然との関わりなどを学ぶ」と定義している。狭山丘陵の自然状態を考慮し、博物館のゾーニングは、西側の植生遷移展示ゾーンと東側の雑木林展示ゾーンの二つに分けられた。博物館には通称、案内所と呼ばれるいわゆるビジターセンターがあり、日曜自然観察会や稲作体験教室、雑木林体験教室などのイベントの拠点となっている。博物館の開園時から埼玉県は地元の自治体である入間市に施設管理委託を行った。入間市を事務局として、博物館の管理方針や活動計画について協議する「緑の森博物館管理運営連絡協議会」が設けられた。協議会の構成は、入間市を事務局として、元地権者、各町内会会長、埼玉県職員、学識者、インタープリター、NPO（のち、森林サポータークラブ）である。

博物館における管理と活用

　博物館における雑木林や湿地の植生管理、さらにイベント運営について、

写真2　さいたま緑の森博物館にある谷津田（2007年6月）

　埼玉県と連絡会議・市民の森にする会（以下、連絡会議等）の間で定期的に会合をもち、進めた。博物館エリアの植生管理については、生態系の保全を視野に入れたものである。観察コースにある湿地とその周辺には、ヨシ群落を主体に、ミゾソバ、ツリフネソウ、チダケサシ、ミヤマシラスゲなど湿生の環境を好む草丈が低い植物が生育する。哺乳類では、カヤネズミが繁殖し、時折キツネやイタチ、タヌキなどが観察される。鳥類では、カラ類のほか、モズやイカル、ウグイス、トラツグミ、キジなどが周年観察され、冬季にはアオジ、カシラダカ、ベニマシコが越冬している。そのほか、アカガエル類やイモリなどの両生類、サラサヤンマやクロスジギンヤンマなど湿地に適応した昆虫が観察される。

　さいたま緑の森博物館では、1996年から日曜自然観察会が行われている。2005年度までは毎日曜日に行い（2005年度から第1と第3日曜日）、博物館から委託を受けた通称解説員と呼ばれるインタープリターが解説を務める。9時半から12時半までの間、さまざまな生き物の生活や博物館の成り立ちなどを解説しながら散策するものである。インタープリターは地元のメンバ

ーで自然保護活動に加わり、生態学を専門とした高校の生物教師などが担った。インタープリターは単なる解説員ではなく、協議会やイベントに参加し、観察会だけでなく参加者とのコミュニケーションを図り、定期的な情報交換などを担っている。地域の自然保護において個と集団をつなぎ協同し継続していくためにはコーディネーターの存在を必要とする。ここでのインタープリターは、参加者という「人」と、雑木林や湿地という「場」と、自然保護という「アクティビティ」をつなぐコーディネーターの役割をはたしている。

　緑の森博物館における生態系の豊かな湿地の管理と活用については、保護団体と埼玉県の間では重要なテーマとなっている。博物館エリアには、大谷戸、西久保、小ケ谷戸と呼ばれる3つの大きな谷戸湿地がある。大谷戸湿地はヨシ群落が主体で、ため池が数個あるため、カヤネズミやカエル類、鳥類の生息の保全を目的としてヨシ群落保全を行っている。ヨシ刈りの時期や周辺木の管理については現地協議の中で検討する。大谷戸湿地はこうした動植物の観察場として活用している。

　西久保湿地は人家が接近していることもあり、伝統的水田管理として活用することから始まった。稲作体験教室（田おこしから収穫まで）を定期的に開催し、入間市を事務局とし、地元の宮寺小学校、そのPTA、早稲田大学考古学研究室の学生たちがそのイベントに協力した。連絡会議等のNPOは環境保全面で、早稲田大学は稲作伝統文化の面で講師役となり教育面で参加し、管理作業も兼務した。西久保湿地の中で稲作体験教室のフィールドは西久保田んぼと呼称し、有機・無農薬農法に基づき、棚田の水田管理体験を通して生き物に触れ、生物の生育生息地の大切さを学ぶ機会を設けた。稲作体験教室の目的は、「里山で稲作を体験することを通じ、身近な自然の意義や人と自然のかかわりを学ぶことにより、自然保護思想を普及し、また、多様な自然環境と谷戸の景観を保全する」と定義された。稲作体験教室への参加を広く県民に呼びかけた。体験教室には、狭山丘陵の自然保護活動をしてきた連絡会議や市民の会、地元宮寺小学校PTA、早稲田大学学生などのメンバーもボランティアとして参加した。宮寺小学校と早稲田大学が主体として

写真3　さいたま緑の森博物館稲作体験教室での水生生物観察会
　　　　（2007年7月）

管理する水田も割り当てられた。景観保全のための稲作とあって、代掻きや田植え、草取り、稲刈りそれぞれのイベントの中で、水生生物や伝統的水田管理道具など、自然や文化のしくみにふれる教室も行われた。例えば、代掻き時にはカエル類の観察やアカガエル類の卵塊をため池へ移動させたり、ホタルやゲンゴロウなどの生息保全のための用水や畦くろ整備、草取りでは水生生物の調査体験などである。一般参加者には、伝統的な水田管理を懐かしんだり、子供への環境教育など、参加するきっかけは異なっていたが、景観保全のための西久保田んぼを意識した稲作体験に参加しているという共通性があった。そこには地域の伝統を存続させたい人が集まっている。一方で稲作による収穫米の分配と自然教室による知識の習得は人をひきつけた要因でもある。有機農産物や豊かな里山環境が恵みである。こうして一般参加者から地域住民、埼玉県、大学、NPOなどさまざまな個人が一つの集まりを形成して協力する協同のしくみができあがった。

　雑木林管理については、植生管理計画に基づき、管理するエリアの間伐の

ほか、大径木の伐採についての時期、場所の確定は現地協議を行った。伐採林の決定後、主な間伐作業については、ヨシ刈りと同じく地元の業者に委託した。一方で、県民参加の雑木林体験教室（下草刈りともやわけ、しいたけ駒打ち）も行った。教室では、雑木林管理の生態系保全や保全管理の手法を学習した。雑木林の植生管理のうち、定期的に行わなければならない下草管理の実施については、面積が広いため、埼玉県が募集して立ち上がった「森林サポータークラブ」が担った。現在では、森林サポータークラブは、自主的な計画に基づき、主体的に活動する団体になっている。

2005年以降の狭山丘陵

　東京都の野山北六道山公園は、2004年度までは東京都公園協会が運営管理を行い、稲作体験や雑木林管理体験のイベントを行った。連絡会議とトトロのふるさと財団は公園の立ち上げから参画し、イベントの講師役、植生管理計画の提示、里山の生物多様性調査を行い、東京都西部公園緑地事務所との定期懇談会を通して運営管理の協議をしながら行政への協力を行ってきた。しかし2005年度の指定管理者制度の導入により、これらの参画から離れた経緯がある。指定管理者制度の導入により、それまでその地域で調査・観察してきた地域NPOや地域自治体がしだいに離れていく状況が全国で見られる。このことは、埼玉県の緑の森博物館も同じことがいえる。指定管理者制度導入の賛否両論があるが、その地域での自然や歴史情報を長く蓄積してきた地域NPOや自治体の参画のありようが課題といえるのではないだろうか。地域に根ざした活動をしていた地域NPOや自治体は、その土地の植生管理や活用について詳しい地域のステークホルダーとして、過去のコミュニティの形態から学ぶべきもの、継承すべきもの、進化させるべきものなど、問題の発見や指摘をする役割をもつといえるからである。

第3章　自然保護教育の到達点

第1節　1970年代から80年代にかけての自然保護教育の方法論的模索――日本ナチュラリスト協会の実践史より――

1　問題設定と方法

　日本の自然保護教育は中西悟堂により創設された日本野鳥の会を中心とした戦前からの野鳥保護運動を先駆的実践とし、戦後は下泉重吉とその影響下にあった金田平、柴田敏隆、青柳昌宏らにより主に1950年代以降に展開された[1]。1955年に設立された三浦半島自然保護の会が「自然学習を標榜しながら、何のためらいもなく自然を破壊する行為に疑問を感じ、さらには、その自然に対する無分別さに憤りをおぼえ（中略）採集否定を前提とした自然学習を模索しつつ（中略）月例の自然観察会の実施を通して自然保護のキャンペーンを展開した」[2]ように自然保護教育の出発時点における主要な方法は「自然を採らない」「持ち帰らない」を原則とした自然観察会であった。一方、1957年に東京教育大学の生物学科や地学科の学生たちを中心に設立された野外研究同好会でも1964年から自然科学教室が展開されていたが、この自然科学教室では1970年以降、「"観察"から"子どもに自然を体験させる"という方向」に向かうなど「観察」から「体験」への方法論的な模索が始まっていた[3]。日本ナチュラリスト協会はこうした先駆的な自然保護教育実践の動きに影響を受けつつも、当時の若手社会人や学生たちが中心となり設立され、1973年から1987年の事務局閉鎖までのおよそ15年間にわたり自然保

護教育のあり方が模索された。筆者はこの団体の後半期の運営に関わった経験を有している。本節では当時の記録や刊行物、さらには関係者へのヒアリング調査結果などをもとに日本ナチュラリスト協会において展開された1970年代から80年代にかけての自然保護教育の方法論的特徴の一端を明らかにしたい。

2　自然保護教育実践としてのナチュラリスト運動

（1）運動の成立と発展

　日本ナチュラリスト協会の創設者・会長は東京教育大学野外研究同好会の出身者でもある木内正敏である。1969年に日本自然保護協会の常勤職員となった木内は、1970年5月に自然保護運動が一般市民に対して門戸を開いた初の集会とされる「自然環境を取戻す都民集会」や1972年5月にアメリカのアースデー運動に呼応して、子どもたちに豊かな環境をのこそうと和泉多摩川の河原に若者たちが集まった「アースデー」の催しを日本野鳥の会の若手職員であった市田則孝らとともに企画した。それまでの自然保護運動では、このような行動を呼びかけてもせいぜい50人程度しか集まらなかったがこのデモ行進には200人を越す人々が参加した。アースデーでも、若者たちが市民の意思表示の方法としてバッチ作りをするなどの新しい動きがあった。大学時代から自然保護教育に携わっていた木内は、活動を各地域で展開する事の必要性を感じており、当時の美濃部都政の支持勢力であった政党中心ではなく、ノンポリ（政治的には無党派的）であるものの社会的な意識をもち、市民としての社会的危機感を有する若者たちの受け皿として、自然教育の活動と人材育成の場を用意しようと考えた。この頃から木内らには、子どもたちに自然の大切さを伝えていける手法の研究が必要だとの認識があった[4]。

　木内らは、1973年5月に自然を大切にできる子どもたちを育てようと「自然保護教育研究会」を発足させ、同年7月には、自然に接する機会の少なくなった子どもたちを信州の農村に連れて様々な宿泊型の体験活動をさせる第

第3章　自然保護教育の到達点

一回上諏訪自然教室を開いた。この自然教室に集まった若者たちが、自然観察会・自然保護運動・ナチュラリストエリア（村）づくりなど幅広い活動をしていこうと、1973年9月、日本ナチュラリスト協会を設立した（**表3-1-1**）。この協会の活動を中心的に支えたのは、木内正敏の呼びかけに応え、自然教室に参加した若手社会人や学生たちであった。

日本ナチュラリスト協会は、自然教育の先駆的実践を行っていた東京教育大学野外研究同好会の出身者である木内が日本自然保護協会の職員という立場であった時期に発足させたという経緯をたどっている。この動きを日本自然保護協会の活動として内部化する可能性はなかったのだろうかという点について、当時、木内正敏とともに日本自然保護協会に勤務しながら、日本ナチュラリスト協会の事務局役も引き受けていた木村陽子は次のように述べている。

「（当時の）日本自然保護協会の自然観察会的活動は日本各地で行われていましたが、高齢化しておりサロン的にもなってしまい、自然破壊のひどい所へ出かけていってもなんとなく、"視察的"雰囲気で終わってしまい、当時全国的に活発化していた各地の自然保護運動との隔たりが大変大きく感じられました。このような観点から、協会の会議でも、若手から（木内氏も私も若手でした）もっと内容を変えたらという提言をしてはいたのですが、なにしろ上に偉い方がたくさんいるし、力関係で弱く、結局納得いかないまま私達の主張が通らなかったのです」[5]。

このコメントから、日本ナチュラリスト協会は、当時の日本自然保護協会の活動範囲を超えた新しい広がりと可能性を求めて出発した組織であると考えられる。このようにして設立された日本ナチュラリスト協会は、子どもを対象とした自然保護教育活動として注目され、会員となる子どもたちが年々増加した結果、1980年には会員数577名（子どもを含む）、年間予算600万円強の団体となった。中心メンバーの間では今後の成長に伴う公益法人（社団法人）化の議論も交わされ、規約も整備された（**表3-1-2**）。この勢いでさらなる成長を期待し、翌年の1981年には大幅な事業収入増を見込んだのだが、

表3-1-1　日本ナチュラリスト協会の歩み

時期区分	年月	主な出来事
前期	1970年5月	自然環境の悪化がすすむなか、自然をとり戻す市民集会が開かれ、中西悟堂氏を先頭とする行進が行われた。
	1972年5月	アメリカのアースデー運動に呼応して、子どもたちに豊かな環境を残そうと和泉多摩川の河原に若者たちが集まり、「アースデー」の催しを開く。
	1973年5月	自然を大切にできる子どもたちを育てようと「自然保護教育研究会」発足。
	7月	第一回後山自然教室を開き、自然に接する機会の少なくなった子どもたちを信州の谷間の村へつれてゆく。
	9月	自然教室に集まった若者たちが、観察会・自然保護・ナチュラリスト村づくりなど幅広い活動をしてゆこうと、日本ナチュラリスト協会を創立。
	1974年1月	高尾山・和泉多摩川を主なフィールドとして月例観察会はじまる。
	7月	長野県後山ナチュラリストの家、山形県一ツ沢ナチュラリストの家オープン。後山、一ツ沢、尾瀬戸倉で自然教室ひらく
	1975年5月	自然観察会で実践されてきたカリキュラムの研究がEECS（環境教育カリキュラムの研究）報告書にまとめられる。
	6月	渋谷区千駄ヶ谷（カワイビル）に事務局を設置（工藤父母道事務局長）
	7月	朝日鉱泉ナチュラリストの家（山形県）、野中ナチュラリストの家（和歌山県）オープン。
	1976年4月	朝日連峰において、ニホンカモシカの生態調査はじまる。
	11月	第一期ナチュラリスト講座開講。
	1977年4月	自然観察会が、観察・探検・原始人の3チームにわかれる。
	1979年3月	新潟県長岡市深沢で春の自然教室はじまる。
	6月	吉田正人事務局長就任
中期	1980年1月	観察会の参加者もふえ、6つの地域別自然観察会（支部）にわかれる。
	4月	事務局を渋谷区神宮前（東邦ビル）に移転（4月6日）
	1981年8月	夏の自然教室事業の参加者が目標を大幅に下回る
	10月	事務局を渋谷区渋谷（土屋ビル）に移転
	1982年11月	降旗信一事務局長就任
		事務局を渋谷区桜ヶ丘（清光荘）に移転（11月10日）
	12月	地域別自然観察会は、それぞれナチュラリストクラブとして独立
後期	1983年9月	降旗信一事務局長退任、84年4月以降木村陽子氏が事務を引き継ぎ
	1986年4月	カモシカ調査グループ報告書「朝日連峰・朝日川流域におけるニホンカモシカの生態（第三報）発行
	7月	シェアリングネイチャーキャンペーン実施
	1987年2月	シェアリングネイチャーグループ発足（1990年2月まで会報発行）
	2月	総会において「9つのグループのゆるやかな連携」への移行を確認
	3月	本部事務局を閉鎖

注：1981年の入会パンフレットにあった沿革をもとに筆者が作成。時期区分は、設立年から支部設立年を前期、支部設立年からナチュラリストクラブの独立年を中期、ナチュラリストクラブ独立年から本部事務局閉鎖年を後期とした。

第3章　自然保護教育の到達点

表3-1-2　日本ナチュラリスト協会の目的と事業

目的	野外教育活動および研究広報活動を通じて、『自然を愛し、自然に学び、身近な自然環境のあり方について考えることのできるナチュラリスト』を育成し、もって自然保護教育の推進に寄与するとともに、地域の自然環境の保全に貢献すること
事業	(1) 児童、生徒、一般を対象とする自然観察会、自然教室等の実施。 (2) 自然観察会、自然教室の指導にあたる指導者の養成 (3) 自然観察会、自然教室の普及に必要な刊行物の発行および催物の開催 (4) 自然保護教育および自然環境の保全と回復に関する調査、研究。 (5) 自然保護教育の場となるナチュラリスト村の建設、運営。 (6) 自然保護教育および自然環境の保全と回復を目的とする他団体への協力 (7) その他の前条の目的を達するための事業。

注：日本ナチュラリスト協会規約（1980年12月20日改正）より

夏の自然教室事業の参加者が思うように集まらず、会員数、年間予算ともに前年度を下回る結果となった。この下降の流れは1980年をピークにその後も変わらず、収支の悪化とともに資金繰りも苦しくなり、専従職員の雇用が困難になった。翌年1982年には本部事務局を縮小し、その後は各地域での活動を中心とした緩やかな連合体へと次第に移行し、1987年には本部事務局を閉鎖した。

（2）自然保護教育が目指す理想の人間像としての「ナチュラリスト」

「ナチュラリスト」という言葉は自然保護教育が目指す理想の人間像を示す言葉として、1973年9月にこの運動の創設メンバーたちの議論の中で生まれた概念である。「ナチュラリスト」について木内正敏は次のように述べている。

「自然保護の要請に答えられるナチュラリストになるためには一つ一つの自然についての理解を深めるとともに、日常的なさまざまな環境要素についてトータルな環境認識を得る努力が必要でしょう。私達の環境はすべての要素－太陽、水、土壌、空気、生物などが網の目のように結び合い複雑な組み立てをもっています。この全体的な環境の成り立ちを少しでも多く考察することができるようになるならば、今私たちがかかえている環境問題や人類の進歩について、新しい考えや行動が提起され、より創造的な世界を望むこと

が可能になるでしょう。そのためにナチュラリストは専門の科学者になることではなく、今までの研究や環境問題から何が環境の理解に役立ち、いかに上手に人々に伝えるかという手法を身につけることも大切です」(6)。

　ナチュラリスト（Naturalist）とは、一般的には「博物学者（特に動植物を戸外で観察・研究する人）や自然主義者」(7)といった意味がある。日本ナチュラリスト協会が目指したのは、単なる自然の愛好家を育てるのではなく、「自然保護の要請に答えられる」ナチュラリストの養成だった。より具体的にいえば、それは身近な自然の観察を通して、身のまわりの環境について発見したり疑問をもつとともに、自然を自分のからだの一部分として大切にできる子どもを育てる事(8)であった。日本ナチュラリスト協会の設立は、産業化、工業化によって引き起こされる自然破壊を食い止めるために、いわゆる「反対闘争」的な自然保護運動だけでは不十分との認識を踏まえ、自然観察を通して、より積極的に社会のあり方や人間の行動様式を考える子どもを育てようという自然保護運動の新しい挑戦だった。当時の状況の中では、チャリティ（寄付）の精神的基盤のぜい弱な日本社会の中では、市民運動や自然保護運動は拠点をもつことすら難しく、足下の問題として普遍的な地域づくりの事務所をつくるためには「食べていける」基盤をつくる事は非常に重要な課題だった。当時、自然観察会は自然保護団体の仕事の1つでしかなく、地域の人たちのよりどころとなるような仕組みをつくるため、その自然観察会を仕事として確立するためのノウハウを確立することが求められていた。このために日本ナチュラリスト協会は自然保護教育の手法研究に力を入れたのである(9)。

3　自然保護教育の方法論をめぐる日本ナチュラリスト協会の実践

（1）日本ナチュラリスト協会の自然観察会

　日本ナチュラリスト協会の活動は、主に小中学生を対象とした自然観察会活動、地方の農村における自然教室やナチュラリスト村づくり活動、ニホン

第3章　自然保護教育の到達点

表3-1-3　日本ナチュラリスト協会地域支部（ナチュラリストクラブ）の活動

組織の名称 （支部またはナチュラリストクラブ）	主な活動場所	活動時期
武蔵野	杉並区、武蔵野市	1980年〜1981年頃
六郷	多摩川六郷橋周辺	1980年〜1981年頃
埼玉	浦和市、埼玉県内	1981年頃〜1986年
北多摩	檜原村、北多摩地域周辺	1980年〜1987年頃
和泉多摩川	世田谷区周辺、丹沢	1980年〜現在
横浜	横浜市、神奈川県内	1980年〜1987年頃
高島平	高島平周辺	1981年〜1987年頃
京葉	千葉県内	1980年〜1987年頃
朝日鉱泉	山形県朝日町	1987年頃〜現在

注：事務局資料や会報をもとに筆者が作成した。

カモシカの生態調査および保護活動の3つに大別される。このうち自然観察会は、「自然を自分のからだの一部のように大切にできる子どもを育てたい」との考えに基づき、四季折々の自然の中に出かけ、自然観察や遊びを通して自然のしくみやそのすばらしさを知る場として、1974年から、東京の高尾山や多摩川を中心にほぼ月一回のペースで行われた。1973年から1980年までは、活動場所は東京郊外の高尾山と多摩川が中心だったが、1980年以降は地域別自然観察会（支部）に分かれて活動した。さらに1982年以降は「支部」という名称をあらため「ナチュラリストクラブ」という独立名称を使用するようになった（**表3-1-3**）。

（2）自然観察の方法論をめぐる研究活動の変遷

　日本ナチュラリスト協会の自然観察会では自然保護への関心を深めるため、環境の変化を考え、生態学的な理解を育てるために、「5つのストランド」「マクロからミクロへのアプローチ」「連想語法」といった、従来の自然保護教育にはなかった新しい手法が実践された（**表3-1-4**）。彼らの目指した自然保護教育のあり方について会報創刊号の中で木内は次のように述べている。

　「子どもたちにとって美しく豊かな自然が必要であることはいうまでもないことですが、といって山だの海だの勝手に与えたところで、あたかも植民地のようにあつかわれボロボロになるのが落ちではないでしょうか。（中略）

表3-1-4 日本ナチュラリスト協会が取り組んだ自然保護教育（子ども対象）の手法

主な時期	名称	問題意識	方法	結果
1973〜1977年	連想語法	自然保護への関心を深めるため、環境の変化を考え、生態的な理解を育てるよう力を入れてきたが、指導を受けた子どもたちが本当にそういう疑問が生じているのか、観察会がどれだけ子どもたちの成長をもたらすのか、分析に把握する方法を模索した。	連想語法（連想法という）とは、一定時間（1分〜3分程度）内に、「人間」「春」などあるキーワードから連想される単語をなるべく沢山記入し、その数の変化を分析する評価方法。子どもたちの連想会の参加回数によって、連想回数がどれだけ変化するのかといった度合から抽出される値は単に暗記された知識ではなく、経験や関心によって変化するもので直接評価できない問題の理解力や関心力を測定する方法として用いられている。	この調査を小学校2年生から中学生まで行い、学年に関わらず集計した結果、10回近くから参加者の連想語の伸びが急激に減少し、自然なべのもの関心が頭打ちになることが示された。この原因は、自然への関心の内容が限定されていたり、子どもの成長方が指導されていなかったり、指導の成長方を考えられたが、「自然の主体性が不足しているのではないか、子ども自身のものではないか、子どもの関心について、考ても高まらないので、指導を正しつぶすほど子どもの主体性の芽をはないかと考えている結果となっているのではないかと考えられる。
	オープン教育システム	子どもの主体性を重視した方法をいかに与えるかとの問題意識から生まれた1967年の英国中央教育会議のプラウデン報告書によって推奨されたオープンスクールの考え方に基づく教育手法を導入した。	この手法は、子どもたちの自主性・創造性を尊重し、個別学習をめざす点で新教育の流れに立ち教育。子どもたちが自然の中から自ら出発する。自ら見た事から問題を発見する。指導者は子どもたちが観察を続けていけるようにテーマに沿って支援を行うという教育手法であった。	この手法は子どもたちの興味関心に合わせて臨機応変の対応が求められるという点で指導者の力量が従来以上に問われる方法であった。実際の自然観察会の現場では、放任主義ではないかといった批判も出も、「子どもたちを自由に放っておいてよいのか」「自由にしていることを観察会と言えるのか」という理念と実践の場で様々な困難に直面した。
	マクロからミクロへのアプローチ	観察会とは世界をいかに見るかのアプロセスを学ぶ場であるとの問題意識を具体的な手法として展開しようとした。	森を観察する時に、いきなり森を細かに観ていって、ひとつひとつの生きものを観察するのではなく、森を外側からマクロに観察し、少しずつ中に入っていって生きものに目を向けていくという方法で、1974年に日本ナチュラリスト協会により初めて試みられた。	こうした手法は自然を細部にこだわらず全体として、あるいは個々の要素としてではなくシステム全体としてみるという点で有効な方法であり、自然観察の手法の中で広く取り入れられるようになっていった。

110

第3章　自然保護教育の到達点

ストランドウォーク	様々な自然保護教育の方法論づくりの試行錯誤が行われてきたが、これらの実践が広がっているのではしまっているので子どもの日常から、より子どもの問題意識から、日常に目を向けようとした。	北米の国立公園局の環境教育プログラムとして実施されていたもので、自然を「多様性」「相似性」「様式（パターン）」「相互作用と相互依存」「連続変化」「適応と進化」という5つの糸のつながり（ストランド）からとらえようとした。
1977〜1979年 三チーム制	身近な自然を見ていくため、観察会を地域に根づいたものにしたいと、子どもたちが会の中でも自然に接する機会を増やしたい。	「観察チーム」「探検チーム」「原始人チーム」の3チームの中から子どもが選び、科学的な認識の方法以外に未知なの日常から離れてのフィールドを探検したり、河原のススキでの家作り、土器を使っての煮炊きをする生活体験など、子どもたちの日常的な興味関心に目を向けようというアプローチがとられた。	子どもたちはのびのび活動するようになり、夏休みの合宿が重視された。一定の成果は得られたものの、自然観察会では集まらない子どもたちが電車で一時間以上もかけって自分自身の生活とつながっていないかとの課題も残った。
1979年〜 地域観察会	今までの自然観察会を見ていくために、計画化する予定ではなくて、大切なことがどうかわからず模索していた。	和泉多摩川、武蔵野、北多摩、六郷、横浜、京葉の6つの地域別自然観察会に分けて会報でも、それまでの野山や川での自然観察会中心の紙面構成から、食住や衣のゴミ問題などの生活に関する話題を多く取り上げるようになった。	1982年3月には和泉多摩川、高尾平、北多摩、埼玉、横浜、京葉の各ナチュラリストクラブとして独立する方向となり、活動内容も農業を呼びかけ取り組むクラブや地域の多様化した。一方、本部の役割が縮小し、組織としての一体化が困難になった。（個別の活動としては1987年以降も継続しているグループもある）
1986年〜 ネイチャーゲーム	「ネイチャーゲーム」（柏書房）を翻訳出版し、著者のJ.コーネルの来日ワークショップ、各地のナチュラリストクラブでも試験的に導入できるよう認識していた。	リーダーたちの評価も高く、その後の継続発展も期待されたが、日本ナチュラリスト協会としての活動としては発展せず、一部のグループが活動を引き継いでいた。

注：当時の資料などをもとに筆者が作成した。

今子どもたちにとって大切なことは自然が与えられることではない。いままで自然と人間がどのように接してきたのか、何を考え、何を感じてきたのか、大人が、親が、子どもと自然の間に立って話していくことこそがまず必要なのではないでしょうか」[10]。

ここでは彼らの考える自然保護教育が単に自然の中で遊ぶだけの自然教育とは異なること、子どもを対象とする教育活動であっても、大人（親）もその主体として積極的に関わることを重視していることが読み取れる。自然保護教育の目的については、1956年の国際自然保護連合のIUPNからIUCNへの名称変更など、Protection（無秩序な破壊や収奪行為からの防御）からConservation（自然の持続的な利用）へという世界的な流れがあり、彼らもこの流れにそって自然保護をとらえていたと考えられる。一方、その方法について、創刊当事の会報の中で木内は「環境の変化を考え、生態的な理解を得るための評価法」として自然観察会の方法論について論じている。こうした指導方法へのこだわりがその後、様々な自然観察会の手法の開発へとつながった。なお1975年に青柳昌宏を中心に行われた自然保護教育の評価の研究会であったEECS（Ecological Education Curriculum Study）研究会にも江川文英、庄山守といった日本ナチュラリスト協会の創設メンバーが参加している[11]。

（3）農村の暮らしを重視する自然保護村としてのナチュラリストエリア（村）構想

ナチュラリストエリア（ナチュラリスト村）とは、自然観察の基地や成人向け講習会など様々なナチュラリスト活動の拠点として建設・維持される「ナチュラリストの家」を中心とした地域コミュニティ活動であり、廃校や廃屋を利用する形で以下のナチュラリスト村が建設された。ナチュラリストエリア構想の第一号地となったのは長野県諏訪市の後山（うしろやま）地区である。1974年7月、日本ナチュラリスト協会と後山地区との間で「自然保護村宣言」が調印された。この宣言式には、日本ナチュラリスト協会から木内を

初めとする17名が、後山地区から区長、PTA会長、婦人会長、青年団長らが、そして当時この両者の仲立ちをした諏訪の自然と文化の会会長の青木正博が同席した。この「自然保護村宣言」は後山での調印式以降、和歌山や山形など各地のナチュラリスト村開設時に行われた。翌1975年には西澤信雄らが山形県朝日町においてナチュラリストの家を開設した。西澤は、日本ナチュラリスト協会の新しい事業として「ナチュラリストエリア構想」について次のように述べている。

「ナチュラリストエリアとはどんな場にすればよいだろう。まず自然を保護する場所でなければならない。平凡な自然でもいい。貴重な自然でもいい。すこしでも自然の雄大さが感じられる場所だったらいいだろう。それに生活する場所が必要だろう。田畑を作ってもいい。山や海の幸を求めてもいい。昔から伝わる手工芸をしてみてもいいだろう。生活を通して自然が感じられる場所ならいいのだ。さらに他の人々に自然を教えたり、理解してもらう場

図3-1-1　初の自然保護村宣言調印文書

自然保護村宣言

貴重な自然が続々と失われていく今日、諏訪市後山地区と日本ナチュラリスト協会は後山の生活と自然が大切なものであることを認識し、自然教室を開催するにあたり、お互いの理解を深め、自然教室が末永く続けられる事を希望し次のように宣言します。

私達は後山の生活と自然からより多くのことを学ぶために協力しあいます。

私達は後山の貴重な自然を大切にするよう努力しあいます。

　　　　　　　　　　　　　　　昭和49年7月24日
　　　　　　　　　　　　　　　長野県諏訪市湖南後山区
　　　　　　　　　　　　　　　区長　遠藤福重
　　　　　　　　　　　　　　　東京都渋谷区千駄ヶ谷3－9－4
　　　　　　　　　　　　　　　日本ナチュラリスト協会
　　　　　　　　　　　　　　　代表　木内正敏印

注：原本が不鮮明なため筆者が転記した。なお原本にはナチュラリスト協会側のみ朱印が認められるが、本部事務局閉鎖時にこの文書が残されていたことからこの文書が原本であろうと推察される。

表3-1-5　日本ナチュラリスト協会のナチュラリスト村

拠点の名称	所在地	活動時期
後山ナチュラリストの家	長野県諏訪市	1974年～1987年頃
朝日鉱泉ナチュラリストの家	山形県朝日町（朝日鉱泉）	1975年～現在
一ツ沢ナチュラリストの家	山形県朝日町（一ツ沢地区）	1974年～1993年頃
野中ナチュラリストの家	和歌山県紀伊郡田辺町	1975年～1992年
志考苑ナチュラリストの家	宮城県宮城町	1980年～現在
泉沢ナチュラリストの家	東京都檜原村	1983年～現在

注：ナチュラリストエリアの中核施設の中には1987年以降、建物の老朽化や道路計画のために取り壊されたものもあるが、当時のメンバーの手で建て直しや移転して今日なお維持管理されている施設もある。

所が必要だろう。自然史博物館や自然観察路、自然教室を作っておけばなおいいだろう。（中略）ナチュラリストエリアとは結局人間と自然のつながりを大切にし、もう一度本当の意味での人間中心の考え方が生活や活動の中に見出せる場所であるべきだと思う。そしてそれは現代の自然欠如の社会に対する自然保護からのアピールの場になるだろう」[12]。

前述の西澤の言葉から見えてくるのは、日本ナチュラリスト協会の自然保護教育が「暮らし」「地域」を重視している点である。この構想のもと日本ナチュラリスト協会は全国でナチュラリストエリア（村）を開設した（**図3-1-1**）（**表3-1-5**）。

（4）ニホンカモシカ調査活動を通した自然保護教育の展開

「自然観察会」「ナチュラリストエリア」と並んで日本ナチュラリスト協会が力を入れた活動が「ニホンカモシカの生態調査」だった。初代事務局長の工藤父母道は会報の中で子どもを読者と想定して次のように述べている。

　　　法律でとってはいけないと決められているはずのカモシカの密りょうが今年もまた各地でおきています。そのうえ、植林や農作物を食い荒らすのでとってしまえなどという声も聞かれます。カモシカはほんとうにふえすぎて害獣になったのでしょうか。そうではありません。山おくの森林がどんどん切られすみかを追われたからなのです。人間がかってにその住みかをうばったうえ、じゃまものを殺せというのはまちがってい

ないでしょうか。カモシカ保護基金では①森林を全部切らないで自然の林を残すように②とりあえず防護柵を造って入らないようにする③カモシカのことをもっとよく調べ、ひ害を防ぐ研究を進める、という運動をしています。カモシカだけでなく、クマ、シカ、サルなどの野生動物が安心してくらせるということは、私たちの生活かんきょうがそれだけ豊かであるということでもあります。また野生動物にも豊かな環境で暮らす権利があるはずです[13]。

　工藤の呼びかけの中にある「カモシカのことをもっとよく調べる」という実践がニホンカモシカの生態調査である。この活動は、特別天然記念物に指定されているニホンカモシカを継続的に観察し、その生態の解明を行う調査であった。この調査は1976年と1977年に文化庁委嘱事業として実施されたニホンカモシカに関する調査を引き継ぐ形で、毎年、春と秋の2シーズンに山形県の朝日鉱泉ナチュラリストの家を拠点にして成人の参加者を中心に展開された。ここでは、研究者中心の活動というよりはむしろ市民が生態調査に参加しながら野生動物の保護問題を考える自然保護教育実践として展開された。1984年から刊行された「カモシカだより」には、毎回の調査の成果報告とともにこの調査に参加して初めてカモシカと出会った若者や大人たちの声が多数記されている。毎回の調査と平行して、大人向けの「ナチュラリスト講座」が実施され、生態調査や観察を通して得られた科学的なデータに基づき野生動物と人との共存のあり方を考えるという形で自然保護教育の方法が模索された。1995年以降、調査メンバーを中心に朝日連峰朝日川流域の開発問題を考える「ヌルマタ沢流域の自然を考える会」としての定期調査やワークショップ活動が行われている[14]。

4　1970年代から80年代にかけての自然保護教育の方法論的特徴

（1）学習原理としての「観察」と「体験」の方法論的統一

　日本ナチュラリスト協会において模索された自然保護教育の方法論的特徴を以下の3点にあげる。

　一点目は自然観察会において「観察」と「体験」とを学習原理として統一させようとした点にある。自然観察会の理論と方法を体系的に提起した柴田・金田らは、「『採集しない』『もちかえらない』ことにより『自然のしくみや人間とのかかわり合いの現状』と『自然を大切するという価値観』を学ぶ」という学習原理をもっていた。日本ナチュラリスト協会においても、この原則は取り入れられてはいたものの、彼らは「採らずに見るだけでは知識の習得に偏ってしまう」という限界にも気づいており、その代替案として「観察」と併用して「体験」の要素を導入しようとした。「体験」の重要性については、金田・柴田の自然観察論においても「直接経験と代償経験」として考慮されている[15]が日本ナチュラリスト協会で取り組まれたのは子どもの発達段階をも念頭においた「観察」と「体験」の両立のための具体的手法の模索であった。ここでは、学習の対象である自然を客体としてみるだけでは自然破壊を生み出す根源となっている近代的科学観と同じ視座にたってしまうことから、「自然を自分の体の一部として大切にできる子どもを育てたい」というフレーズに象徴されるように自己（主体）と自然（環境）との統一の試みがなされ、その実践的課題として自然観察会における「体験」と「観察」の方法論的統一が模索された。1977年から約3年間にわたり取り組まれた「三チーム制」はその1つの到達点といえる。ここでは「観察」「探検」「原始人」という3つのグループの中から子どもたちが主体的にチームを選択し、子どもたちそれぞれの興味関心に応じた活動が行われた。さらに1986年に「ネイチャーゲーム」が導入された際にも、このプログラムが積極的に評価された理由は、「自然を自分のからだの一部分として大切にできる」という日本ナ

チュラリスト協会の教育理念を具体化させる手法として、「観察」と「体験」（あるいは「知識」と「感性」）という、ともすれば対立的に理解されがちな２つの要素を１つのアクティビティを通して無理なく取り入れられる点にあった。

今日の環境教育の指針等においては、「観察」よりも「体験」の用語が多用される傾向にある。（一例をあげれば「環境保全の意欲の増進及び環境教育の推進に関する基本的な方針[16]」において「体験」が28回登場するのに対し「観察」が登場するのは僅か１回にすぎない。）だが日本ナチュラリスト協会においては「観察」よりも「体験」が重視されたのではなく、「観察」とともに「体験」も重視されたのである。

（２）青少年育成と一般市民の指導者養成を通した実践主体の育成の取り組み

二点目の特徴は、専門家でない一般市民や青少年を実践の主体であるリーダー（指導者）として育成する方法が模索されていたという点である。日本ナチュラリスト協会は1975年に一般市民対象の指導者養成講座を実施した団体の一つ[17]として知られており、自然保護教育の指導者養成において先駆的団体であった。

表3-1-6及び**表3-1-7**は、社団法人化が検討され、法人化のための規約の整備や支部設置などが進められていた1980年当時の会員名簿に記載された会員の居住地と職業である。ここでは実践の担い手が若手社会人、主婦などの市民と学生であることがわかるが、特に職業の中の18名の高校生の存在に着目したい。彼らの中には、1973年の協会発足時に小学生として行事に参加し、それ以降、継続的な会員活動を続けている者もいた。この団体の規約上、個人として会員になることができるのは高校生からであり、中学生までは家族会員という位置づけであった。日本ナチュラリスト協会は、自然保護教育の活動主体として青少年を位置づけ、中学生や高校生向けの自然観察会である「シニアクラブ」などの活動を通してその組織化をはかっている。自然観察

表3-1-6 日本ナチュラリスト協会会員の居住地

東京	76
神奈川	23
埼玉	15
千葉	6
山形	4
群馬	2
宮城	2
長野	2
新潟	2

注：1）その他山口、滋賀、沖縄、愛知、兵庫、大阪、北海道、和歌山、茨城、青森、海外、以上各1名。
2）1980年12月20日現在の会員名簿搭載者161名中、住所の記載のある143名の内訳を筆者が集計して作成した。

表3-1-7 日本ナチュラリスト協会会員の職業

大学生・大学院生・専門学校生	64
会社員	24
高校生	18
教員	16
主婦	5
公務員	4
自然保護教育団体職員	4
山小屋経営	3
看護士、保育士、栄養士	3
イラストレーター	2
自営	2

注：1）その他板前、写真家、通訳、塾経営、以上各1名。
2）1980年12月20日現在の会員名簿搭載者161名中、職業の記載のある149名の内訳を筆者が集計して作成した。

のリーダーとして青少年を育てようという試みはこの時期に他の実践においてもなされていたが、日本ナチュラリスト協会では社団法人化までも視野にいれた全国規模の運動としての組織化の構想のもと、青少年や一般市民が実践の主体となるための「誰にでもできる」「わかりやすい」、自然保護教育の方法の確立とその評価が模索されたといえる。

（3）自然保護教育の職業としての確立

　三点目の特徴は、この団体が設立当初から「自然保護教育を職業として確立させること」「自然保護教育の拠点としての普遍的な地域づくりの事務所をつくること」を目指し、そのための方法論の開発に取り組んだという点である。自然保護教育を職業として確立させる彼らの取り組みは、株式会社、特定非営利活動法人、社団法人などの形で今日に引き継がれている。日本ナチュラリスト協会の会長であった木内正敏は、当時模索した自然観察の方法論を発展させる形でその後、日本自然保護協会においてネイチャーセンター事業を立ち上げ、さらに1989年以降には独立事務所（株式会社　自然教育研

究センター）へと発展させている。日本ナチュラリスト協会の創設メンバーであった西澤信雄は、1975年に山形県朝日町において「朝日鉱泉ナチュラリストの家」を開設し、その後30年以上にわたり地域づくり運動を進めている。その実践は、西澤が代表となり発足したNPO法人朝日町エコミュージアム研究会[18]へと発展しており、今日の日本におけるESD実践[19]の一つとされるエコミュージアム運動として評価されている。また日本ナチュラリスト協会における最後の方法論的模索の取り組みであった「ネイチャーゲーム」については、筆者自身も関わる形で1986年以降に組織化がなされ今日の社団法人日本ネイチャーゲーム協会へと展開している[20]。

5　社会教育・生涯学習実践としての1970年代から80年代の自然保護教育の到達点

　1957年の日本自然保護協会による「自然保護教育に関する陳情」の中で「自然愛護の根本精神」に関する具体的な単元の明確化や教科における「教育上の強調」が求められたが、当時の文部省の教育課程にこの要望が取り入れられた形跡は見当たらない。むしろ自然保護教育は、「西欧文明の洗礼を受けて、科学の力で如何様にでも改変出来ると信じ、それが万物の霊長として自然界に君臨する人類の特権であり、近代文明の勝利であるかのように錯覚した開発の論理」[21]にもとづく自然認識を見直し、環境破壊・公害を生み出した生産力上昇志向への反省に立脚しつつ、労働と科学技術のあり方を見直す市民運動として発展してきた。「社会教育は大衆運動の教育的側面である」（枚方テーゼ）[22]という社会教育と大衆運動との関係の規定をふまえれば、自然保護教育は自然保護運動の教育的側面として評価されるべきものといえよう。

　今日の日本の自然保護教育をめぐる状況としては、1992年の地球サミットを契機に環境への社会的関心が急速に高まり、1993年に環境基本法が成立し、この中で環境学習・環境教育が法的に位置づけられた。さらに1990年代後半

以降、里山保全やビオトープづくりなどの地域の自然再生運動が各地で展開され、2003年にはこうした自然再生活動やそこでの自然環境学習の推進を主眼とした法制度として、「自然再生推進法」および「環境の保全のための意欲の増進および環境教育の推進に関する法律」が制定されている。自然保護や公害反対といった開発反対運動から始まった自然保護教育の源流は、今日では熱帯雨林保護など海外での活動も含めた一連の自然再生・環境保全運動へとつながっており、「持続可能な地域づくり」にむけた環境的行動をいかに育むかという課題への取り組みとして展開されている。

　日本の自然保護運動の中核的役割を担ってきた日本自然保護協会は1978年に「自然保護思想の普及と自然保護運動の発展に資すること」（自然観察指導員登録規定）[23]のために「自然観察指導員講習会」と「自然観察指導員登録制度」を開始し、以降、この制度を通した自然保護教育を全国規模で展開してきた。その一方で、「自然観察指導員登録制度」以前に設立された日本ナチュラリスト協会では、「自然観察会」「ナチュラリスト村構想」「カモシカ調査」といった自然保護教育の方法が、当時の日本自然保護協会の活動範囲をも超える自由な発想のもとに模索された。本節ではその到達点の一端を明らかにしてきたが、自然保護教育史における日本ナチュラリスト協会の位置づけについては今後、社会教育・生涯学習研究の蓄積を踏まえたさらなる検証作業が必要といえよう。

注
（1）伊東静一・小川潔「自然保護教育の成立過程」（『環境教育』18（1）日本環境教育学会、2008年）29～41ページ。
（2）金田平・柴田敏隆『野外観察の手引き』（東洋館出版社、1977年）337ページ。
（3）田畑洋子『自然教室における教育、自然保護教育のこころみ―野外研20年の足跡―』（東京教育大学野外研究同好会、1978年）130ページ。
（4）2001年10月12日、株式会社自然教育研究センターでの木内正敏氏へのインタビューによる。
（5）木村陽子「ナチュラリストおもいで話」（『ナチュラリスト』No.61、1983年）13ページ。

（6）木内正敏「環境における糸のつながり」（『自然保護』147、1974年）22ページ。
（7）カレッジライトハウス英和辞典（研究社）。
（8）日本ナチュラリスト協会1981年度入会パンフレットの中にこのような記載がある。
（9）前掲注（4）の木内氏インタビュー。
（10）木内正敏「ナチュラリストのめざすもの」（『ナチュラリスト』No.1、1976年）2ページ。
（11）庄山守「ナチュラリストおもいで話」（『ナチュラリスト』No.64、1984年）7ページ。
（12）西澤信雄「ナチュラリストエリアについてその1」（『ナチュラリスト』No.1、1976年）3ページ。
（13）工藤父母道「がんばれ！カモシカくん」（『ナチュラリスト』No.2、1976年）2ページ。
（14）カモシカ調査グループの会報である「カモシカだより」では、1995年11月刊行の24号に「ヌルマタ沢流域の自然を考える会」についての初めての記述がみられる。
（15）金田平・柴田敏隆の前掲注（2）。
（16）「環境保全の意欲の増進及び環境教育の推進に関する基本的な方針」（2004年）。
（17）小川潔『自然保護教育—現状と問題点—』（財団法人環境文化研究所、1976年）60ページ。
（18）西澤信雄『エコミュージアム〜地球にやさしい朝日町から〜』（国際エコミュージアムシンポジウム実行委員会、山形県朝日町、1992年）122ページ。
（19）阿部治「ESDの総合的研究のめざすもの」（『農村文化運動』No.182、2006年）3〜17ページ。
（20）降旗信一「環境教育実践としてのネイチャーゲームの成立と発展」（『環境教育』12（2）、日本環境教育学会、2002年）。
（21）金田平・柴田敏隆の前掲注（2）。
（22）『社会教育・生涯学習ハンドブック　第7版』（エイデル研究所、2005年）751ページ。
（23）『自然かんさつからはじまる自然保護2001〜NACS-J自然観察指導員講習会テキスト』（財団法人日本自然保護協会、2001年）206ページ。

第2節　環境教育としての自然観察会の再評価

　第1章で概観したように、自然保護教育の中心的方法論としてつくりだされた自然観察会が、自然保護教育としての目標に十分到達できないうちに、自然の知識集めや自然体験に拡散していく傾向をはらんだまま現在に至っている状況の中で、自然観察会が担う環境教育上の意義や役割、また特有の問題点の克服について考察するのが本節の目的である。この課題に関して、現場実践を伴わない抽象的批判だけでは現実の問題点は明らかにならないし解決もない。そこで本節では、筆者自身がかかわってきた「自然観察会」および「しのばず自然観察会」の活動を軸に自分史をたどり、具体的活動と成果、その時々に問題となった事項にも触れながら、自然観察会という言葉に託した思いや限界、概念拡張を提案するとともに、金田平らの自然保護教育の到達点を確認してみたい。

　なお、筆者は金田へのインタビューを2000年9月14日に行い、その後も二人で語り合おうと言葉を交わしてきたが、金田は2007年7月28日に帰らぬ人となった。本稿が少しでも金田の思いに迫れることを願っている。

1　自然観察会の成立過程と環境教育への志向性

　安東によると、自然観察あるいは自然の観察という言葉が日本の理科教育史上登場するのは1891年の小学校教則大綱の理科であった。しかし、この時点では講述中心の読書的教授が一般で、観察は行われなかったという。また、自然物を採集して分類し、名前を調べることが中心であった。また、教科書の記述をなぞる、確認する観察であった。1941年に低学年理科が設置され、自然と遊び親しむ中で、科学的なことを学んでいく方向性が示され、以来、

第3章　自然保護教育の到達点

自然観察は低学年が中心となった。第二次世界大戦後、観察は理科の主流となり、正確に観察する態度の育成、変化の過程重視、野外の観察、探求の理科などの視点が導入されていった[1]。

こうした理科教育の流れを受け継ぎつつ、下泉重吉が自然保護教育の概念を提起したが、具体的活動としては、1955年の三浦半島自然保護の会の発足から、自然保護と直接関連をもつ自然観察が形成されていった[2]。

写真3-2-1　「自然のたより」234号（三浦半島自然保護の会　1979.5.10）表紙に「採集をしない観察会」（1957年11月実施）の写真が掲載されている。

三浦半島自然保護の会を立ち上げ日本で自然観察会の活動をはじめた金田平によれば、同会はアメリカ最大の自然保護団体であるオージュボン協会のジュニアクラブをモデルに子ども向け組織の野外の観察会を、またソビエト連邦（当時）のビアンキが作成した森の新聞[3]をモデルに「自然のたより」の発行を始めた。三浦半島自然保護の会の自然観察会は、野外での生態学的自然認識、自然は皆のものという立場からのフィールドマナーの確立を特徴とした。この時、アメリカで一足先に起こった野外環境教育の先駆的業績であるベイリの自然学習、環境倫理のさきがけと言われるレオポルドの土の倫理などは念頭になかったという。したがって、自然観察会には活動形態としてのモデルはあったが、思想的には日本独自の発想から生まれたものであると言えよう。しかし、筆者がベイリの『自然学習の思想』[4]を読んだとき、日本の自然観察会となんとよく似た雰囲気だろうと感慨を持ったことを覚えている。筆者自身の「自然観察会」活動も、上記アメリカ合衆国でつくられた思想を知らずに進めていたのだが、偶然に洋の東西で同様の活動や思想が生まれたとは言うものの、日本の自然観察会は時代的流れのなかではベイリ

たちから何かしらの影響を受けていたのであろう。

　三浦半島自然保護の会の影響を受けつつ活動した「自然観察会」の第1期においては、野外における自然観察自体は子どもが集中できる午前中に行い、午後はレクリエーション的要素を主体とした。特に厚木市緑ヶ丘での場合、狭い地域の活動であり、自然に特別関心が深いわけではない、しかも、低学年の子ども相手の活動であったため、とりたてて自然保護の教育活動を組み立て得たわけではなかった。三浦半島自然保護の会を担った金田や柴田敏隆は、野外でのレクリエーションは自然への感受性を閉ざし、しばしば自然破壊そのものになると否定的であったが、緑ヶ丘ではむしろ重要な要素であった。参加する子どものなかには、観察はほとんどせず、リーダー役の「自然観察会」のお兄さん、お姉さんを慕って遊びに来るだけの者もいた。その子が長じて、登山を始め、自然を学ぶためにと大学の農学部へ進んだのだから、レクリエーションによるつながりをあながち否定はできない。一方、そこに集う子どもの親たちにとっては、地域の認識を深め、地域の人々のネットワークを形成するという、現在の環境教育の機能を果たしていたと考えられる[5]。

　調布市児童会館における自然探検隊の発足は、「自然観察会」の目的とは別に意図された。当時の館長であった三吉達は、「新興都市調布の人口の半分は新住民だが、ここで生まれた子どもたちにとっては、調布が故郷である。その地を知る「ふるさと運動」として、自然探検隊をつくった」と記している[6]。ここでは生態学的見方や自然との付き合い方の訓練以前の問題として地域の課題を念頭に置いている。

　小川はその後、伊藤寿朗の地域博物館の位置づけを援用して、地域の課題を発見して解決していくのが地域観察会の課題であると論じているが[7]、そのきっかけは緑ヶ丘や調布での経験に見いだされることになる。地域の自然観察会を行う場合、現在環境教育の存在意義として意識されるコミュニケーションやコミュニティにかかわる機能が、すでに自然観察会の成立過程初期に潜在的課題だったことは、環境教育における自然保護教育の位置づけを

第3章　自然保護教育の到達点

単なる前史とするのでなく、積極的に再検討する理由の一つと言えよう。

　自然観察会の普及に、日本自然保護協会の自然観察指導員養成が果たした役割は大きい。それはよかれ悪しかれ自然観察会のスタンダードを定着させ、各地方段階での自然観察指導員連絡会が盛んに自然観察会や自然保護運動を担った。まずはその初期の主張を、日本自然保護協会（1994）の『自然観察ハンドブック』（平凡社刊、思索社刊1984年の再版）よりたどってみよう[8]。

　金田平による序文（はじめに　8〜9ページ）を要約すると以下のようになる。1972〜80年の国際会議等の動きから、自然保護は世界的課題となった。自然保護実践の根底に、自然と人間のかかわりを知ること、自然を大切にする価値観を持つことが必要。その方法として、自然観察会を自分たちは経験的に確信している。自然志向とレジャーブームが合体した野外活動の隆盛が、自然破壊に加担しかねない状況があり、一方で行政や企業から自然観察会実施の要請が増えているが、対応できる人材が足りず、自然観察会が自然保護の考え方の普及にマイナスのケースもある。自然が教えてくれること、人間が自然とどう付き合うか土地土地での人の生き方から教えられる。こうした自然観察の醍醐味を味わい、自然の仕組みを知り、自然保護の使命感に燃えるよう、訴えたい。

　金田なりに、自然観察会が普及し、自然保護との乖離を迎えた時代のなかで、自然観察会の危機を感じていたことが読み取れる。

　金田に続くページは無署名となっているが、要約してみる。自然観察とは、ある見方で自然を見ることである、つまり、言葉にとらわれず固定観念を捨て、自然をありのままに見る、真実を知ることであり、そこから発見の喜びや知的レクリエーションという恩恵を受ける（15ページ）。自然観察の目的は、人間存在の根本に根ざした精神的支えとしての自然の価値を体得すること、自然の多様な生活によって支えられている自然の生態学的価値を体得することにある。さらに、自然観察という作業を通して、人の精神が変革されていくときにのみ、自然観察という言葉を使う（16ページ）。自然観察の第2段階では、人と自然のかかわりの矛盾を見出す目を育てる。ここに自然保護の

第1歩がある（17ページ）。さらに、住んでいる土地の自然を（心の中に）発見していくこと（フィールドを持つ）と、「自分のフィールド」を「よそ」と比較する（20ページ）。

次に、自然保護教育についてまとめた部分を見る（31ページ）。自然保護教育はその国の自然観を自覚した上で、その長所を伸ばし短所を変えていこうとする教育である。次の側面を持つ。

　　　3つの教育活動：自然に親しむ　自然を知る　自然を守る
　　　フィールド：地学的自然　生物的自然　人文的自然
　　　地域：都市の自然　農山漁村の自然　原始的自然
　　　　（筆者注：この区分は、青柳（「自然保護教育の歴史と現状、今
　　　　　後の問題」『日本生物教育学会紀要　1975』）によっている）

自然保護運動との関係については、自然保護運動に直接かかわる側面を医学になぞらえて「臨床」、自然保護教育にかかわる側面を「基礎」と考えたい（381ページ）と位置づけている。

これらの見解は感性を中心に語られているので、その部分だけ抜き出せば基本的に反論の余地がない。また、人の精神の変革という言葉の中身が不明であるが、地域の自然を発見すること、人と自然とのかかわりに矛盾を見出す目を育てることは、先に述べた小川の地域観察会の考え方に近い部分を含んでいる。1984年初版であるので、当時の環境冬の時代に、金田らの意思は広く自然保護運動や観察会活動に携わる者の気持ちを代弁しようとしていたと言えよう。なお、前身にあたる『自然観察指導員ハンドブック』（日本自然保護協会版　1978年）[9]では、自然保護教育の項を金田が執筆、自然の保護関係の他の項を水野憲一、金田、木内正敏、品田穣が共同分筆しているが、自然生態系の解説とその危機について多くのページを割いている。

一方、指導員養成の初期段階では、新設の自治体環境部門担当職員が受講者の少なくない部分を占めたこともあった。そこで伝えられた自然の知識と観察技術、感性重視のプログラムとフィールドマナーは、政治的に問題がないため、採集をしない自然観察会として自治体に浸透していった。一方、金

田の意思とは対極的に、自然保護運動は運動（＝政治的）だから環境教育（＝教育）にはなじまないと指導員養成の一部で宣伝され、それを鵜呑みにして観察会や環境教育に携わる者も出てきて、環境教育から自然保護運動が一時期、排除される要因ともなった。本節の筆者である小川は、そこで名指しされた排除対象人物であると聞いている。この影響を感じなくなったのは、1991年に当時の文部省が環境教育指導資料を出して、環境を重視する方向への社会の転換が環境教育の目的であると表明（価値観教育の公認）してからである。

　金田はしばしば、「自然教育と自然保護教育の違い」に触れたが、後者を「自然保護のための教育」と表現しているものの、それ以上立ち入ったことを語らなかった。ただ、のちに日本自然保護協会で展開された自然観察指導員養成において、自然の仕組みなど自然科学的テーマだけでよいとする意見に対し、市民運動からの発想を入れるよう努力したと筆者に語ったことがある。筆者は自然観察指導員養成講座を直接体験していないので、具体的にはわからないが、金田も柴田も、環境（資源）は皆のものであるという環境観（環境倫理とも環境権とも位置づけられる）を主張している。これは自然科学からは到達できない、運動を通しての視点である。自然観察会が感性やフィールドマナーという環境倫理面をも扱っていたにもかかわらず、自然を対象にすることにこだわったため、自然保護教育をその批判対象でもあった理科教育とひとからげに自然系環境教育とする研究者も現れる結果となった。これは、自然保護教育の創始者であり指導員養成を推進した金田や柴田が主張していた公共性の思想が、自然観察指導員養成の枠にとどまり、近隣分野の研究・教育者に必ずしも十分に発信されなかったことを示している。そこに自然保護教育の弱点が見出される。また、環境権とは呼ばずに公倫理（公共性）と表現したのは、1960〜80年代前後という時代背景と社会通念のもとでは当然と言えるが、同時代には環境権を標榜する自然保護運動や公害教育があったことを念頭に置くと、自然保護教育を推進した人々の中に自治意識が共有化されていなかった反映であったとも考えられる。その意味では、自ら狭く

定義してしまった自然保護という言葉が総合的環境教育への発展を遅らせたと言えよう。同様に、金田らが懸念したにもかかわらず、自然について詳しくないと自然観察会の指導はできないという迷信を完全には打ち破れなかった。金田らは、自らが進めてきた自然保護教育が社会的に認められぬまま、後発の公害教育が学校教育の指導要領で取り上げられたり、環境教育という呼び名が広がっていく世相に反発した時期があった。そのため、生涯にわたり自然保護教育の名前にこだわり続けることになった。

こうした過程で、自然保護教育をともに担ってきた青柳昌宏の他界があり、1990年代末からはNPO法人法の成立、他団体による自然能力認定制度の流行と野外活動指導者認定団体の発足など、自然観察指導員養成の内外にいくつかの動きがあった。これらを背景として、2001年に日本自然保護協会の自然観察指導員テキストが金田のまとめにより改訂された[10]。これについては後に4で触れることにする。

2 「自然観察会」の野外活動と自然保護ゼミ

1968年に発足し、緑ヶ丘自然観察会などの地域観察会をサポートした「自然観察会」の悩みは、①自然保護を活動の中心に位置付ける合意ができないこと、②具体的な自然保護教育の方法論や題材がないこと、③活動が教育という視点から評価できないこと、④人材の再生産ができないことであった。これらについて、会報70号（『自然観察会15年史』）から検討してみる[11]。

①については第1章でも触れたが、自然観察会を行うことは個人的自然趣味か社会的運動かが問題点であった。半年ほどの実践の上に行われた会則作成の経過・事情についての前川広司のまとめ（4ページ）によれば以下の通りである。1968年12月の議事録では、「より多くの人に自然に親しんでもらい、かつ自然保護をも考えてもらう」とあり、69年1月の議事録では、各自の考え方のあいまいさを認めて、「底流をなすものとして自然保護を考え、その立場にたって自然に親しむことをとらえることが必要。ただ自然に親しむこ

とを目的としてもかまわない」と許容幅を持たせている。「自然保護運動の一環としての野外観察会」という議論も意見の一致が得られず、自然保護や野外観察の内容について深まっていないのに、理念を論じることが無理という意見も出た。さらに、野外観察会を行う団体という規定の仕方の是非でも一致せず（69年１月）、それでも活動の意義については、参加者が自然に親しむきっかけを作り出し、自然の素晴らしさ、美しさを知り理解してもらうもので、さらに

写真3-2-2 「自然観察会」15年史

自然保護を考えてもらうこと、フィールドマナーを養うこと、生き物すべてがつながりを持って存在し、人間もその影響を多く受けるという自然のしくみに眼を向けることを基本に、自然保護の考えを普及し、その底辺を広げるとした（68年12月）。こうした揺れを持ちつつ、「より多くの人々に自然に親しんでもらい、かつ自然保護をも考える」という目的と「野外観察会の運営・指導を中心とした活動、会員間の討論による自然保護、野外観察会の理念の追求」という活動を書き上げた会則が決定した（69年１月）。

②に関して、自然観察会はほとんど独自の成果をあげられなかったが、たとえば奥多摩の廃村をテーマとした観察会などは、自然環境とともに地域住民の生活を取り上げる試みであった[12]。自然保護を実践的に考えるという点では他団体と共催で実施した「自然保護ゼミ」が機能を果たした。その経緯についての小川潔のまとめ（14ページ）によれば以下の通りである。1975年２月から２か月に１回程度のペースで自主ゼミを行った。東京の自然保護運動史、自然観察会のあり方、環境アセスメントなどをテーマに、毎回３時間の討議を続け、結果的に「自分の会の活動に追われて、自然保護を広く見

渡し学習する機会がない」という会内外の声に応えることになり、東京都レベルの環境行政施策への注文や運動団体の自然保護観の形成、自然保護運動や教育活動の若手リーダー育成に大きく貢献した。

　そのゼミの中で、テーマとして自然観察会が2回取り上げられた。その中では、1975年時点で自然観察会を実施している団体へのアンケート調査結果が紹介され、自然観察会の経緯が読み取れる。また、それに携わるリーダーたちの活動への参加動機・きっかけについて、必ずしも明確に活動や自然保護問題への意識がある者だけでなく、偶然的とか、いつの間にか、また頼まれて来たらこの活動だったというものが少なくなかった。しかし、リーダーたちのうち半数以上が、リーダーになる前に自然観察会参加経験を持っていた[13]。したがって、リーダーになる直接的な動機にはならなくとも、自然観察会がその下地をつくることに寄与していたと評価してよいだろう。

　自然観察会をめぐるもうひとつの問題点指摘は、先にも触れたが、自然教育や自然観察会が自然保護に役立つといえるかどうかという議論だった[14][15][16]。それまで、自然観察会は自然を観察する場なので、社会については想定外だった。もし、自然観察会というネーミング、あるいは定義が、社会への目を閉ざす必然的要因ならば、自然保護教育において自然観察会の自然という言葉を外してもよいのではないか、そういう気持ちをこめて、1976年ころから、小川や川藤秀治は意図的に行事名に「野外観察会」という言葉を用いるようになった。内容的には、このころ都市計画家などが提唱した「考現学」あるいは「路上観察学」を意識し、現在「まち歩き」と呼ばれているような、自然観察会の人文・社会版を組み込んだものであった。

　この立場を小川は、ある目的のためにちょうどよい題材や場所を求める現代合理主義的科学や教育に対して、特定の地域で取り組まれ、都合で場所を移すことなく、特定のフィールドで展開される地域の観察会という概念で示した。そこでは、地域の事象を自然・人文・社会の諸分野を包括した視界で環境としてとらえることになる[17]。地域の課題を発見して解決していく地域観察会は、環境教育というすでに出来上がっているものを教えるというイ

第3章　自然保護教育の到達点

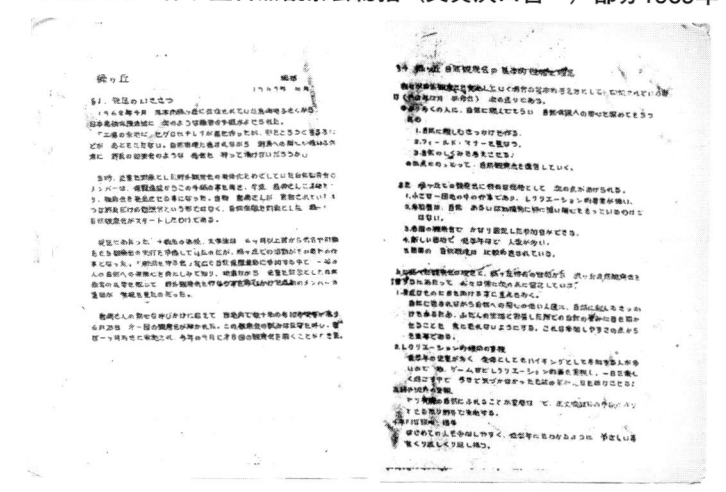

写真3-2-3　緑ヶ丘自然観察会総括（文責浜口哲一）部分1969年

メージの言葉よりも、環境学習という、新たな事象を発見して身につけていく過程を内蔵した用語の方がふさわしい。「自然観察会」や後に生まれた「しのばず自然観察会」では、調査活動も主要な方法論となっていった。

　小川はさらに、東京都台東区上野公園での観察会活動や、同区谷中周辺での環境にかかわる住民活動の経験から、都市の歴史性が環境教育の条件として優れていることを指摘し、都市の健全な自律性を考えることが、環境全般を見渡し、自己のライフスタイルを考える上で有効であると主張してきた[18]。そして、たとえば小学校の学区のような、人々が日常生活の中で直接認識し自己の問題としてかかわれる範囲に、自然的社会的基本構造がそろっていることをエコミニマムと呼び、これが住み続ける生活環境としての都市の条件であると提唱している。エコミニマムは保全項目として、また開発が進んだ地域では目標概念でもある。何を保護するかという自然保護論への一つの答えである。地域課題をテーマとした教育が積み上げられて、自然観察会が目的の明確化と視野の拡大を果たしたとき、環境教育となる可能性がある[19]と予言してきた小川の答えでもある。

131

③に関しては、「いわゆる指導の問題」があった。緑ヶ丘自然観察会一年間の歩みと総括—1969年10月という資料の中で浜口哲一は以下のように指摘した[20]。観察会の回を重ねるにつれ、動植物の名前を一方的に教える傾向が強まったと思われる。観察会の理念として、名称の記憶より、動植物の生活を知り、相互のつながりに眼を向けるはずだったが、多数の参加者を相手にしていると、一番教えやすい名前が中心となり、参加者もそれを求めてしまう。安易さに流されて、生活を覗くやり方の発見に努力が足りなかったのではないか。また子どもたちにとって、受動的に教えてもらう事だけに終わらない工夫、たとえば図鑑を一緒に調べるなどがいろいろとないだろうか。さらに、指導者が指導者であるという意識を強く持ちすぎて、参加者とともに楽しむという態度を捨て、一方的にふるまう傾向は反省を要する。対象物の名前を知らなくても、それを見て感じた事で話しかけられるようでありたい。

当時、教育学的背景や学習を経ずに行われた自然観察会においては、以上のように、教育という視点からは練られていない初歩的段階の議論が交わされた。しかも、それは現在まで自然観察会一般に共通する課題として存在し続けている。

④に関連して、第1章でも触れたように、「自然観察会」にとっては目に見えた会員拡大はなかった。第2期の活動が観察会リーダー養成講座や自然保護の学習にウエイトを移すようになってからは、他団体ですでに活動している人や、中・高年で自然や保護に目覚めた人の加入が目立ち、若い世代の割合はどんどん低下していった。1970年代後半から1980年代という、環境冬の時代、またポスト学園紛争の時代、しらけた若者の社会参加が少ない時代でもあった。

ところで、「自然観察会」が支援をして立ち上げた各地の地域自然観察会も、最後に発足したしのばず自然観察会を除いた4つの会が消滅していった。緑ヶ丘自然観察会を振り返って、浜口は「中学生になると参加しなくなる子どもが多かったのが残念だった」とした上で、「身近な自然にふれるという点

第3章　自然保護教育の到達点

では一応の成功だったが、会の中でくすぶっていた自然保護の問題を、ストレートに表明し、参加した大人たちともみ合うことが次のステップへの鍵だった」（5ページ）と当時の限界性を指摘している。また日下好明は杉並自然観察会の実験と行き詰まり、新人が入会しないことを野外活動の後に何も用意がないと指摘した[21]。一方、近藤緑は緑ヶ丘と杉並の観察会を振り返って、大人が参加するユニークな試みを杉並では行ったことを紹介したあとで、そこに参加した大人も子どもも、観察会消滅後もそれぞれの場で自然との接点を持っていること、自分もJAC（日本山岳会）の自然保護委員会で自然と人間のテーマを追い続けていると書いている（9ページ）。地域の自然観察会は「自然観察会」と直接の接点を持たないものも含め、1970年代以降各地で生まれたが、県レベルで広域的な組織とフィールドを持ち30年以上子ども向けの活動を継続している兵庫県自然教室やいくつかの自然保護団体によるものを例外として、多くが人材の再生産ができずに消滅していった。直接目的となった自然破壊が決着したとか、参加者の地域学習が一応の完了を迎えた場合、または活動する中心的人々の個人的支障（当人の病気・けが・高齢化、家族の介護、転居等）がその理由であった。それは組織、運動とか地域活動としてはネガティブな評価が与えられることもあろうが、そこに参加した個人の学びという視点からは一概に否定されるものではないであろう。

3　「しのばず自然観察会」の到達点

「自然観察会」の小川潔らが立ち上げた「しのばず自然観察会」は、もともと自然保護を共有するグループではなかった。東京大学(本郷キャンパス)内で発行していた謄写版（ガリ版）刷りの自然の新聞「本郷－弥生あたり」の読者たちが、紙面だけでなく実物の自然に触れたいと求めたのに端を発し、その執筆者であった大学院生と読者、それに「自然観察会」や日本野鳥の会で活動する近隣住民の寄り合い所帯であった。発足時点の1975年における会の共有点は、都市の自然を学習することであった。ただ、小川は上野公園内

に住み、上野公園・不忍池を遊び場として育ち、1950年代半ばからの公園内での建設ラッシュに対する危機感があった。おりしも1970年代初めからの京成電鉄上野駅改造工事では被害者でもあった。この問題で大新聞に投書しても、一住民の声は取り上げられず、代わりに公園内のある文化施設長の当たり障りのない文が掲載され、地域に環境を主張する市民団体の存在が不可欠であることを痛感させられていた。

活動拠点の上野・不忍池には、当時関東唯一のカワウのコロニー（集団営巣地）があったが、そのカワウの島の改修を1977年になって上野動物園が計画した。当初案は改修する島に最も近い岸から橋を渡して重機を入れるもので、非改修の島の鳥たちにも大きな影響を与えることが予測された。そこで観察会は、工法の見直しなどを動物園に求めた。はじめ、動物園の対応は「素人の市民が何を言うか」というものだったが、動物園の環境上の役割を重視する朝倉繁春園長の決断で、観察会と動物園の対話が成立し、窓口の中川志郎飼育課長（当時）とも協調できるようになった。結果的には、他の島への影響を最小限にする位置に桟橋を設け、重機を入れずに人手だけで工事をし、一時的にカワウは飛んだものの、営巣中の個体が居残り、やがて飛散した個体も戻って、コロニーは再生した。この経験を通して、観察会が自分のフィールドの自然保護にかかわるのはごく当たり前のことだという合意が会員の間に形成された。なお、中川はこれより25年程近く前、不忍池が野球場建設のため埋め立てられようとした際に反対運動に加わった世代であった。

しのばず自然観察会は創立10周年の前後に、トヨタ財団主催の身近な環境研究コンクールに応募し、上野公園の自然と利用に関するテーマで奨励賞を得た。この過程で上野公園についてのワークショップ（ブレーンストーミングのようなこと）をした中で、会員から「上野公園には歴史があるのに、それらが小さくなっている」との発言があった。これを契機に、上野公園の生い立ち、歴史、歴史的環境の変遷と現状、利用者の動線などが調査研究の対象となっていった[22][23][24]。同時に、上野以外へ出かける緑地めぐりのテーマにも、町並み見学や文化が主要な柱となっていった。

第 3 章　自然保護教育の到達点

写真3-2-4　不忍池地下駐車場問題を考えるつどい（1990年3月）

出典は注（25）を参照。

　しのばず自然観察会の活動では、負担の軽減のためが第一であるが、毎月の活動において、通常の観察会が行っている下見をやらない。言い換えれば、指導者と参加者という位置づけをしない。全員が環境の学習者であるという発想である。上野公園・不忍池での定例的観察や調査活動以外に、各地の公園緑地めぐりをして、楽しみながら学習し、上野に持ち帰れることを求めてきた。同時に、自然破壊で問題となっている場所を見学したり、自然保護運動との連帯も続けてきた。こうした実績は、いざ自分のフィールドである不忍池が開発されようとした地下駐車場建設問題で、多くの団体・個人からの力を得ることができた。

　1986年に発覚した不忍池地下駐車場建設問題は、自然保護運動のスタイルとしても当時としてはユニークな展開をした。しのばず自然観察会をはじめとする地域の4団体が呼び掛け、広範な都民・市民を結集した「不忍池を愛する会」をつくり、一方で署名活動や議会陳情というオーソドックスな形態をとりながら、旗揚げは不忍池の音楽堂でコンサートを行い、アーチストたちの参加で仮装デモや絵画展を開き、また趣味で不忍池の写真を撮っている人々の協力も得て、アメリカやヨーロッパの市民とも交流した国際写真展を各地で開催し不忍池のよさを訴えた。

　一方、地上のみならず地下も含めた自然環境の実態と予測、自然信仰、都

市計画、経済、また駐車場は余っているという地域の交通事情調査結果、さらに海外の都市の自動車交通から公共輸送と徒歩への転換事例まで、幅広い視点からのシンポジウムを開き、駐車場の建設理由であった自動車交通需要増大予測の批判をした。グローバリゼーションの名のもとに駐車場を整備するのが国際的だという開発側の大義名分に対して、多くの外国人が参加して都心から車を締め出したヨーロッパの都市を紹介したり、それぞれの地域や国の個性を残して尊重しあうのが真の国際化だと反論した[25]。

　結果的には、池の下の開発計画は当時の内山栄一台東区長が撤回し、のちに歴代区長のもとで場所を移して工事は進められていったが、2008年現在、まだ完成せず、2006年には経費見積もりの甘さから外部監査の住民請求が事実上成立した。不忍池が守られ、開発推進側の団体に属する人の中にも地域の自然・文化遺産を生かしていこうという動きが出てきた点も成功であったが、利便性追求と無駄な公共事業推進の動きはまだまだ十分には変革できていない。

　創立20周年を記念してしのばず自然観察会は、上野公園の環境白書とでも言えるガイドブック『上野のお山を読む―上野の杜事典―』の編集発刊を1995年に行った[26]。これは、自分たちの環境価値観を多くの人々と共有しておかないと、上野公園の自然や歴史的環境を守れないという、駐車場問題からの教訓に基づくとともに、今ヒアリングしておかないと、地域の記憶が伝承されないという危機感から発したことであった。

　しのばず自然観察会が推進してきた都市型観察会の特徴は、対象を自然に限定せず、地域全体、それも生活や歴史文化をそっくり含めるところにある。もともと都市の自然は、人間がつくったものであったり、多かれ少なかれ人間の影響下にある。相対的に豊かな自然は、宗教施設など歴史的に保護されてきた場所にある。したがって、人間抜きの自然観察会などナンセンスとも言える。もちろん、観察会をリードしてきた個人の履歴や属性も関わっているだろう。25年ほど会の副代表を務めた杉本喜亮は職人であったが、嫌煙権運動の闘士であり社会革新の気概を持つ詩人でもあった。小川は明治維新の

第3章　自然保護教育の到達点

上野戦争を戦った彰義隊士の子孫であるため、代々隊士の墓を守ってきた上野という土地にこだわり続けた。一方、上野公園とは北・西に接する谷中・根津・千駄木地域（通称谷根千地域）の環境問題に取り組む人々は、小川らを接点として、しのばず自然観察会との共存関係の中からその考え方や方法論をまちづくりや緑地保全活動に取り込んで活動している。個人の特殊性を吸収して地域特性が形成され共有されていったと言えるだろう。都市における環境教育としてここでの事例は、どこでも模倣対象となるわけではないが、モデルのひとつとして記憶されてよいだろう。

　しのばず自然観察会は2006年に、長く品切れとなっていた先のガイドブックの増補改訂版『新版上野のお山を読む―上野の杜辞典』を作成した。この10年余の間に、上野公園の状況に多くの変化があった。また会の中心を担ってきた数人が家庭の事情で続けられなくなった。地域や会員の年配者の何人かが他界した。一方で、会には中高年齢の新入会員が相次いだ。会内外における伝承の確保が緊急性を増した状況で、この機を逃してはもう再版は不可能だろうという思いで、しのばず自然観察会30周年記念事業として改訂版がつくられた[27]。

　しのばず自然観察会では恒例行事として、会員外を対象にした上野公園の観察会を年2回行っている。上野公園というフィールドの環境価値を広めるための行事である。そこでは、たとえば古地図を片手に旧水路や橋の遺構をたどって水路体験をしながら不忍池につなげる水のストーリー性や、徳川将軍の墓や上野戦争の遺構をめぐったあとに江戸時代からの時の鐘をついているところを見ながら歴史の音を聴く「歴史的追体験」を取り入れている。そこには、地域の歴史との一体感を持たせる狙いがある。

　もともと、自然が破壊される予定がある、あるいは破壊された場所を訪ねるのは、公害や自然保護といった環境問題にかかわる運動が共通に持ってきた方法論である。現場体験は、対象となる地域や自然、環境と、そこを訪れた人との一対一の関係をつくりあげる。その人にとって、一人称の地域、環境との付き合いが生まれる。換言すれば、当事者性が身につく。これにより、

はるかかなたの、とあるところの自然とか環境ではない、どこそこの具体的自然や環境が認識されるから、一般的に自然保護は大事だけれども、知らないところのことだから破壊はまあいいかでは済まない。災害があった所のニュースに、「被害者に日本人はいませんでした」と聞いて関心を断ち切るのに比べて、そこに知人がいれば必死で状況をつかもうとすることと同じである。自分の問題として考える、取り組むという当事者性は、まさに教育の課題でもあり、自然保護教育はそこを突いてきた。

4　金田平と自然観察指導員養成理念の到達点

　2000年のインタビューの終わりに、筆者が金田にぜひ金田の自然保護・自然保護教育論または自伝を書いて世に問うてほしいと要請したのに応えて、金田はその後に『自然かんさつからはじまる自然保護2001』[28]という冊子を送ってきた。日本自然保護協会の自然観察指導員養成テキストとして、金田が主導して改訂した内容は、多くの自然保護教育活動家による分筆ではあるが、これまで筆者が自然保護教育について投げかけた疑問に一つ一つ答え、新しい方向性を取り込むものだった。金田は、再会して語り合うであろう時に、「これで納得がいくかな」と、その評価を筆者から聞きたかったのだろう。
　以下に長くなるが、『自然かんさつからはじまる自然保護2001』を要約してみよう。
　「はじめに」で今井信五は、青柳昌宏のテオリアを引用して、じっと見る→見えてくる→わかる→うれしいという一連の体験が自然観察であるとし、自然観察会は、自然観察の個人的行為の集団化でなく、自然物に関心を持つ個人的な趣味のグループ化でもなく、自然をこれ以上悪化させない責務を果たす人を育み、責務を果たしうる社会のしくみをつくるための教育的取り組みであり、自然保護運動の一つの姿であると述べている（1〜4ページ）。
　「今なぜ自然保護が必要か」で小野木三郎は、1960年代日本の経済成長と開発の歴史と70年代にかけての内外の環境問題の状況を語り、豊かな感性を

第3章　自然保護教育の到達点

育む自然の喪失と子どもの自己家畜化現象（食物獲得能力、危険回避能力、社会性の喪失）のもとで、自然にふれるという喜びを伝えることが自然保護であり、自然の一部としての自分、その自然を壊したくないと説いている（15〜22ページ）。

「何を保護するのか」という項目で金田平は、自然のしくみ、すなわち生産生態学の基礎と生物の相互依存、遷移現象といった事項をあげ（23〜25ページ）、足立高行は多様性の対象を、種、自然の多様性、文化、人間の生存環境としての生態系へ拡張し、子どもやお年寄りの行動圏に代表される身近な環境を守る意義として、生存環境の安全の物指しの役割、日常生活の心の豊かさの確保をあげる。さらに、地域文化の多様性も保護対象であると指摘している（25〜31ページ）。

「自然保護の歴史と概念」として柴田敏隆は、記念物保護と景観保護という源流からConservation（自然資源の保全管理・賢明な活用）へ概念が変化したことを紹介（ただし、柴田はここで、Conservationのみを展開し、「資源」については、アメリカ先住民の狩猟を引用してWise Useだけを紹介）、日本では、日本野鳥の会の発足（1934年）、日本鳥類保護連盟（1947年）、尾瀬自然保護期成同盟（1949年）、日本自然保護協会（1951年）と、NGOができたこと、1970年代、差し迫った公害対策に追われ、自然環境が生活の基盤であるという認識が育たなかった。今も、自然環境と生活環境は異質な概念とされる傾向があると指摘している（32〜37ページ）。

柴田はさらに、概念規定としてPreservation・Protection、Conservation、Rehabilitation・Restoration、Mitigationを解説し、Conservationを賢明な活用と言い換え、自然を常により豊かに保ちながら、その平衡を破ることなく、これを高度に活用し、そのような豊かな状態のまま、これを次の世代に伝え遺すことと定義している。また、Rehabilitation・Restorationにビオトープや近自然型工法も位置付けている。Mitigationを環境緩和と訳し開発事業の影響が大きい場合、アメリカではNEPA（国家環境政策法）で回避、最小化、修正、軽減、代償という優先順位をつけた環境緩和策が求められていること

を紹介し、日本では、代償措置として新たなビオトープをつくるような技術論が先行し、影響の回避が検討されていないと警告している（38～40ページ）。

これに続けて柴田は、環境倫理についての概念整理を述べ、生物間倫理を人間優位のヒューマニズムを払拭し、神―人―自然の従属関係を否定したもので、同じ西欧から生まれた点も歴史性を感じると指摘し、世代間倫理を、深い贖罪の念をこめて自然保護はまさにそのひとつであるとしている。また世代内倫理として南北問題に触れている（41～42ページ）。

「日本の自然保護の現状」の項で、金田平・中井達郎は以下のように述べている。日本では、環境の危機感が薄い。公共土木事業、民間や第三セクターによるリゾート開発と開発の途中放棄、住宅開発と大規模イベントのジョイント、ごみの不法投棄。その背景に一次産業の衰退と人口流出、地域社会の将来への不安、移入種問題や乱獲、利用過剰とその商業的背景がある。一般論としての自然保護が浸透した今、適確な批判と監視とともに、対話や提案が重要になってきた。持続的で適正な自然とのつきあいを基礎においた地域づくりが重要であり、自然を見直し、価値づけることが必要である（43～47ページ）。

「自然保護のために」と題して、溝口俊夫は以下のように記している。開発計画におかしいと思ったら声をあげる。それができる社会を実現する必要がある。情報伝達と討論の場としての自然観察会がある。開発の不合理性を突くのが普段からの観察会の成果。観察会のテーマも自然に限ることなく、地域の伝統や生活も含めて見ると視点が広がる。こうした見方の上に立って、彼は、自然趣味か自然保護活動かは、参加者の意思次第と考える。全国一律ではない自然保護の地域性に取り組むには、自然観察会が有効不可欠である。地域は人も含めてまちづくりの教科書である。また、自然保護はよい環境を子どもたちに残す権利である。開発反対の運動とともに、行政参画、市民活動による社会の創造、それらすべてに情報公開、自然保護教育、実践の場が必要である。体験を共有化するのが自然観察会であり、これはワークショップと同じことである。行政が準備した市民参加に対して、市民による自然観

第3章　自然保護教育の到達点

察会は民主主義のより進んだ形態と捉える。こうした考えの末に、文化のグローバル化は地球市民の育成という功をなしたが、一方で経済・文化・価値観の一律化を招いたと警告している（48〜58ページ）。

　自然観察会に関する記述では、「今なぜ自然観察会か」というタイトルで、一寸木肇は次のような見解を示している。本来人間は自然を求めるもので、野外の活動で人々は力と智恵を身につけていく。自然の厳しさは自己を見直す契機となる。自然観察会への参加を通して、人間の生き方を考え、物質至上主義からの転換をはかり、地域を愛する心を育て、自然のみならず地域の歴史や文化を再発見する、よその地域の自然や歴史を認め愛する、次の世代へそれらを伝えていく、だから自然観察会は自然保護教育の大きな柱となるのだ（59〜65ページ）。

　植原彰は「自然保護教育と自然観察会」という項で、具体的保護問題が起こっているところでの観察会を、現場を知ってもらう、開発の正当性の是非・影響を考えてもらう、子どもでも参加できる、親を巻き込める、開発側への圧力になるといった意義を述べ、特に保護問題がなくても、続けていくうちに、地域の課題が見えてくると指摘し、さらに調査・研究活動として事実の重みを積み上げる意義があるとして、社会的認知効果もあることを指摘、こうした下地をもって、社会のしくみづくりにつなげようと結んでいる（66〜75ページ）。

　鳥山由子は「自然の見方」の項で、五感を使った観察をネイチャーフィーリングという新概念に結び付け、身近なものの価値は特にハンディがある人にとって重要であると指摘している（76〜85ページ）。

　菊屋奈良義は「自然観察指導員として身につけるもの」として、不特定な対象と多様な環境に対して、技術（知識や技術）より、思想信条によってつくられる自然観、世界観とそれを理解してもらう戦術が必要だとして、平常心、冷静さ、判断力、わかりやすい言葉、自然を見る眼、洞察力、解説力、要をつかむ力、下見や資料にこだわらない虚心坦懐さ、さらに、解説者ではなく仲介者としての自覚の必要性をあげ、参加者側からは、指導員に柔軟さ、

141

わかりやすい言葉づかい、参加者の意見を聞く、一緒に考えてくれる、実行力があることが、親しみのある人の条件であり、科学的思考ができる、要点を要領よくかいつまんでくれる、論理的思考がうかがえる、問題提起ができる、自然は大切と言うより何を知ってどう動けばよいのかを教えてくれることが重要だと主張している。また、社会は指導員に、自然保護の実践者であることを求めている。いわゆるボランティアという呼び方よりも、危機にある自然環境への現状認識が下敷きになった切迫感がある状態が必要だと述べている（98～102ページ）。

これらのまとめとして金田は、「自然観察会と指導員講習会の歴史～まとめに～」で、以下の事項に触れている（117～121ページ）。自然観察会の歴史的背景としては、戦前は博物教育の中で実物教育があり、また自然科学の基礎として、さらに情操のために自然観察が行われた。戦中戦後は戦争で荒廃した心を和らげるための活動があり、その後、自然趣味の同好会が復活、採集会も盛んになった。1950年代に発足した三浦半島自然保護の会以降、東京教育大学野外研究同好会、自然観察会、兵庫県自然教室、多摩川の自然を守る会などの活動があり、1973年に日本自然保護協会のセミナーで、自然趣味と自然保護の観察会の違いを確認した。1978年から自然観察指導員養成を開始したが、講習会を地方自治体と共催する意図もあった。

その後の変遷として、金田・柴田らは採集否定の原則を維持しつつ、幼児期の自然接触を取り込むようになった。また一貫して、形態・分類・系統学の知識より、生態学の知識が自然保護に役立つので、生き物の暮らしを見ることを強調し、名前づけや図鑑を調べるという手法を観察プログラムに入れることを奨励した。

地域の自然保護にぶつかり、自然の価値を伝えたいという地域のNGO支援のために、自然保護問題とのつながりを常に模索、たとえば、ごみは拾えばよいのではなく、ごみが自然に与える影響を観察する、オーバーユースでは遊歩道の管理を観察対象にした。

当初の社会情勢では、環境NGOが公然と活動しにくい場面もあり、別の

第3章　自然保護教育の到達点

肩書・別の行動をお願いすることもあった。公共事業などに関して、今も同様のケースがある。

　指導員制度の当初は、初級・中級・上級というクラス分けを構想した。しかし、知識・技術ではなく、思想・信条が効果ある観察会には必要であることが明らかとなった。それは客観的評価対象にならないので、認定制度をやめ、登録制度にした。行政から、一緒に指導員養成の認定をしようというのを断り続けているのは、思想・信条の認定は特定のものを公認し、特定のものを排除するので危険だからである。今後は、地域住民とともに、地域の自然環境を見つめ、よりよく残す智恵を出し続けよう。そこに行政を巻き込もう。

　以上の改訂テキストは、一読して「社会環境」への言及がきわめて多いことがわかる。1970年代に批判を受けた自然観察会の問題点である、自然保護を実現するための道筋の欠如に対し、社会環境への視野拡大は問題点克服の方法であった。「自然観察会は、自然観察の個人的行為の集団化でなく、自然物に関心を持つ個人的な趣味のグループ化でもなく、自然をこれ以上悪化させない責務を果たす人を育み、責務を果たしうる社会のしくみをつくるための教育的取り組みであり、自然保護運動の一つの姿である」という定義は、この視点を宣言化した部分である。保護対象としての多様性を、種、自然の多様性、文化、人間の生存環境としての生態系へ拡張し、子どもやお年寄りの行動圏に代表される身近な環境を守る意義として、生存環境の安全の物指しの役割、日常生活の心の豊かさの確保をあげ、さらに、地域文化の多様性も保護対象であると指摘している点も、自然から出発した自然観察会が地域の環境、それも広義の環境全般へ視野を広げたことを示している。

　開発計画に異議を唱えることができる社会を実現するという見地からは、情報伝達と討論の場としての自然観察会の機能があり、開発の不合理性を突くのが普段からの観察会の成果であり、観察会のテーマも自然に限ることなく、地域の伝統や生活も含めて見ると視点が広がるとして、自然保護はよい環境を子どもたちに残す権利であるとの位置づけもしている。そして自然観

察会への参加を通して、人間の生き方を考え、物質至上主義からの転換をはかり、地域を愛する心を育て、自然のみならず地域の歴史や文化を再発見する、よその地域の自然や歴史を認め愛する、次の世代へそれらを伝えていく、だから自然観察会は自然保護教育の大きな柱となるのだとの組み立てを示した。また、具体的保護問題が起こっているところで行う観察会を、現場を知ってもらう、開発の正当性の是非・影響を考えてもらう、子どもでも参加できる、親を巻き込める、開発側への圧力になるといった意義を述べ、特に保護問題がなくても、続けていくうちに、地域の課題が見えてくると指摘し、さらに調査・研究活動として事実の重みを積み上げる意義があり、社会的認知効果もあることを指摘、こうした下地をもって、社会のしくみづくりにつなげることを提唱している。一方、技術（知識や技術）より、思想信条によってつくられる自然観、世界観とそれを理解してもらうことが重要であると指摘、暇なときによいことをするといういわゆるボランティアというイメージよりも、危機にある自然環境への現状認識が下敷きになった切迫感がある状態が必要と言及している。

　指導員養成の到達点は、初めの想定がランク分けによる認定制度であったが、知識・技術ではなく、思想・信条がより重要であることが明らかとなった以上、思想・信条に客観的認定はあり得ないので登録制に直し、行政から指導員認定を一緒にしようというのを断り続けて、民主主義の基本的姿勢を貫いたところにあるだろう。それは自由と対等を尊重する市民運動の原点でもある。

　このような見解に至ったのは、自然解説指導員養成過程で避けては通れない、自然保護とは何か、自然保護と観察会との関係はいかにあるべきかという問いに対する、真剣な模索の結果であろうし、テキストの筆者は多岐にわたっているが、それぞれが地域で突きつけられた課題に悩みつつ得た答えだっただろう。そして、これらを編集・監修した金田にとっても、長い実践の末に到達した自然保護教育のあり方であったと言えよう。

　ここで筆者が指摘したいのは、1970年代から小川らが指摘し続け啓発や運

第3章　自然保護教育の到達点

動の実践を通して模索してきた諸点がことごとく組み込まれていることである。自然保護運動と自然保護教育の中で20年余に渡ってたたかわされてきた議論は、結果的には小川や各地で保護運動を闘ってきた者たちがめざしたところと、金田らが保護教育として到達したところがほぼ一致するという形で決着した。もし現象的に違いが見られるとするならば、扱う個人の、環境教育のスペクトルのなかでののぞき口の違いであって、その先は自然、歴史、生活、社会につながっていき、運動で培われた環境権の思想も位置付けられていくであろう。このように、自然保護教育はそれ自身の自己点検と自己変革によって、公害教育とともに環境教育や持続的社会をつくる教育において、基幹的位置を確立していると評価できる。

　もっとも、金田とともに自然観察指導員養成制度を築きあげてきた柴田敏隆は、テキスト編集の過程で、分筆した自然観察指導員養成講師たちの自然観察会についての多様な意見をまとめる金田の姿を見てきて、自らが任を退き、金田が死去したこれから、金田のようなカリスマ的指導者がいない、いわば求心力を欠いた状況に懸念を語っている。自然観察指導員の理念構築と人材養成の今後については、ひとり日本自然保護協会の問題だけではなく、自然保護教育、あるいは日本の環境教育全体がつきつけられた課題とも言えよう。

謝辞

　本稿をまとめるにあたり、インタビューに応じていただいた金田平氏、柴田敏隆氏に多くの情報と資料、それに本稿を書く力をあたえていただいた。また、ともに観察会や自然保護運動を進めてきた多くの方々のおかげで本稿ができあがった。ここに謝意を表する。

注
（1）安東久幸「小学校理科における自然観察の価値観の歴史的考察」（『子どもと自然学会誌』1（2）、2004年）5～13ページ。
（2）伊東静一・小川潔「自然保護教育の成立過程」（『環境教育』18（1）、2008年）

29～41ページ。
（３）ヴィタリー・ビアンキ（タカクラタロー訳『ビアンキ動物記　4　森の新聞　春と夏』理論社、1968年）374ページ。
　　　ヴィタリー・ビアンキ（タカクラタロー訳『ビアンキ動物記　5　森の新聞　秋と冬』理論社、1968年）374ページ。
（４）リバティ・H・ベイリ（宇佐美寛訳『自然学習の思想』明治図書、1972年）164ページ。
（５）小川潔「都市の中で自然学習を考える」（『都市問題』85（5）、1994年）3～13ページ。
（６）三吉達「自然探検隊の誕生とそのねらい」（『青少年問題』16（7）、1969年）32～34ページ。
（７）小川潔「野外観察会の歩みと方向性」（小原秀雄ほか編『環境教育事典』労働旬報社、1992年）604～610ページ。
（８）日本自然保護協会『自然観察ハンドブック』（平凡社、1994年）424ページ。
（９）日本自然保護協会『自然観察ハンドブック』（同会、1978年）239ページ。
(10)金田平ほか『自然かんさつからはじまる自然保護』（日本自然保護協会、2001年）153ページ。
(11)自然観察会「自然観察会」会報70号（『自然観察会15年史』1983年）1～51ページ。
(12)小川潔「自然保護教育論」（『環境情報科学』6（2）、1977年）63～69ページ。
(13)前掲注（12）。
(14)小川潔「自然保護運動からみた自然観察会の評価」（『人と自然』1（1）、1976年）48～52ページ。
(15)大和田一紘「自然観察会における自然保護意識の欠如」（『人と自然』1（1）、1976年）52～54ページ。
(16)斉藤光明「自然保護運動にとって自然観察会とは」（『人と自然』1（1）、1976年）54～57ページ。
(17)前掲注（7）。
(18)小川潔「環境教育の視点からの都市論」（本谷勲ほか編『環境教育事典』労働旬報社、1992年）630～635ページ。
(19)小川潔「自然観察会における環境教育の可能性」（『環境教育研究』1（1）、1978年）37～45ページ。
(20)小川潔・川藤秀治「自然観察会リーダーのための野外観察会運営テキスト、野外教育へのアプローチ」（『東京学芸大学昭和62～63年度特定研究報告書』、1989年）30～53ページ。
(21)日下好明「まだまだとみずからに言い聞かせつつ─自然観察会型の運動について思うこと─」（『人と自然』1（1）、1976年）57～60ページ。

(22) 上野の緑地環境研究会『上野公園の自然と歴史的空間』(しのばず自然観察会、1987年) 70ページ。
(23) 小川潔・斉藤淳子「上野公園のイメージと歴史的特性とのギャップ」(『人間と環境』19 (2)、1993年) 58〜67ページ。
(24) 小川潔「上野公園の好まれる空間と環境要素評価」(『人間と環境』21 (3)、1996年) 134〜141ページ。
(25) 不忍池地下駐車場問題を考えるつどい実行委員会『不忍池―都心の水辺空間』(同実行委員会・谷根千工房、1990年) 68ページ。
(26) 上野の杜事典編集委員会『上野のお山を読む―上野の杜事典―』(谷根千工房、1995年) 120ページ。
(27) 上野の杜事典編集委員会『新版上野のお山を読む―上野の杜事典―』(谷根千工房、2006年) 144ページ。
(28) 前掲注 (10)。

第4章　自然保護教育の展望

第1節　自然保護教育の視点

1　はじめに

　自然保護教育は公害教育と並ぶわが国の環境教育の原点であり、学校教育のみならず社会教育においても大きな足跡を残している。しかし、「環境教育」の浸透とともに「自然保護教育」の用語は用いられなくなってきた。一方、自然環境を取り巻く状況はますます深刻化し、自然環境の保全を意図する教育活動の必要性が高まっている。このような背景のもと、わが国における自然保護をめぐる今日的な課題を整理し、かつて取り組まれた幾つかの先駆的自然保護教育を振り返ることで、今日の環境教育への視座を得ることが本節の目的である。

2　今日の自然保護をとりまく状況

（1）生物多様性条約の登場
　地球環境問題が顕在化した1980年代以降、環境問題は社会の主要関心事となり、持続可能な社会の構築が一国にとどまらず世界共通の課題となってきた。特に、国連環境開発会議（1992年）における生物多様性保全条約[1]の採択は、水鳥の生息地の保全を対象としたラムサール条約（1971年）や希少野生生物の商取引を対象としたワシントン条約（1973年）のような特定の地域や種の保全の取り組みから、生態系の多様性、種（間）の多様性、種（内）の遺伝子の多様性といった生物多様性の総体を保全する取り組みへと自然保

護の歴史上大きな転換点となった。

　国連環境開発会議では「持続可能な開発」がテーマであったが、生物多様性条約は、①生物多様性の保全、②その構成要素の持続的利用、③遺伝子資源の利用から生じる利益の公正な配分、の3つを目的とするなど、野生生物の保全と利用が柱となっている。特に2001年（～05年）に国連が地球規模での生物多様性及び生態系の保全と持続的利用に関する総合的な調査であるミレニアム生態系評価[2]を行ったことから、人類にとっての生態系（すなわち自然）の恵み（生態系サービスとよばれている）が特定、評価されることとなった。生態系サービスは、①基盤サービス（土壌など）、②供給サービス（食料など）、③調整サービス（気候調整など）、④文化的サービス（レクリエーションなど）の4つに大別されており、生態系の価値や持続的利用についての情報として非常に有益な指標である。

（2）わが国の自然保護問題

　日本は生物多様性条約によって義務付けられている生物多様性国家戦略（第一次国家戦略1995年、第二次国家戦略は2002年、第三次国家戦略2007年）を策定し、特に第2次生物多様性国家戦略以降[3]、わが国の生物多様性をとりまく危機の構造を「三つの危機」として説明している。

　第一の危機：人間活動ないし開発が直接的にもたらす種の減少、絶滅、あるいは生態系の破壊、分断、劣化を通じた生息・生育空間の縮小、消失。

　第二の危機：生活様式・産業構造の変化、人口減少など社会経済の変化に伴い、自然に対する人間の働きかけが縮小撤退することによる里地里山などの環境の質の変化、種の減少ないし生息・生育状況の変化。

　第三の危機：外来種などの人為的に持ち込まれたものによる生態系の撹乱。

　そしてこれら3つの危機の背景として、①戦後50年間の急激な開発、②里地里山における人口減少と自然資源の利用の変化、③経済・社会のグローバル化、をあげている。これら3つの背景は「三つの危機」に個別に対応するというよりは、複合的に作用しているとみるべきである。第一の危機は、ダ

第4章　自然保護教育の展望

ムや河川改修といった大型公共事業などに伴う大規模な自然破壊に象徴される古典的な自然保護問題であり、第二は、経済・社会構造の変化などによる過疎化・高齢化に伴う里山の崩壊といったわが国の特徴的な自然保護問題、第三は、外来生物の分布域拡大に伴う在来生物への影響といった世界共通の自然保護問題といえる。

　2007年に策定された第三次生物多様性国家戦略では、特に地球温暖化に伴う生物多様性への危機をとりあげているが、気候変動に代表される深刻な地球環境問題の激化とグローバル化する経済活動は連鎖複合的に自然環境を破壊している。特に近年は食料や生物燃料の耕作地拡大に伴う自然破壊である。

（3）自然保護教育としての環境教育

　生物多様性国家戦略では、生物多様性の保全と持続可能な利用の重要性を広く浸透させるために普及・広報、環境教育・環境学習の取り組みなどを積極的に推進するとされている。これらの活動の中には自然体験活動や自然とのふれあいなども含まれている。生物多様性条約にとどまらずラムサール条約などにおいても、環境教育はコミュニケーション・教育・公衆の気づき（CEPAと略記される）として、重要視されている。これらの取り組みは環境基本法の環境教育条項（第24条）の個別法として策定された環境教育推進法（2003年）によっても推進されている。

　生物多様性と共に自然保護に直接かかわるエポックとして、白神山地と屋久島の世界自然遺産登録（1993年）がある。ともに林野庁による知床半島の原生林伐採反対運動に端を発する林野行政の方向転換によって指定された森林生態系保護地域をコアに自然遺産登録がなされた。いずれの地域においても保護と利用にかかわるジレンマが課題として存在しているが、その後指定された知床半島と共に、世界自然遺産は生物多様性国家戦略と並んで近年の自然保護の一つのエポックととらえることができる。これらの地域を含めて、林野庁は、森林内での多様な体験活動などを通じて人々の生活や環境と森林との関係について学ぶ「森林環境教育」の取り組みを推進している。

以上、取り上げてきた自然保護を指向した政府の取り組みから見えてきた環境教育は自然とのふれあいをベースにした自然環境の保全と持続可能な利用を学ぶ取り組みである。自然保護教育は後述するように、1950年代に自然破壊に対抗する自然保護運動の一環として生まれてきたものである。その定義としては「国民一人ひとりが国土の自然と自然資源を積極的に保護し、それらを懸命に利用する態度を培う自然保護（自然環境保全）の教育体系」[4]とされており、生物多様性国家戦略に代表される「自然の保護と持続可能な利用」という前述した今日の自然保護を意図した環境教育と極めて類似している。

3　自然の持続可能な利用とは何か

　自然保護を意味する言葉には多様な言葉が存在している。①手をつけることなくありのままに保護する厳正自然保護（preservation）、②害を与えるものを排除し特定の対象物を保護する保存（protection）、③持続的に利用しながら保護する保全（conservation）などである。立ち入りが禁止されている世界自然遺産地域のコア地域などは①にあたり、特別天然記念物などは②、前述した生物多様性国家戦略などで示されている自然保護は③に当たる。これら以外にも、一度失われたものを再導入するrestorationやぜい弱になった環境をリハビリするrehabilitationなども自然保護の手法の一つである。このように多くの自然保護の管理の仕方があることから、「自然保護」という言葉の解釈をめぐって混乱する場合がある。
　コンサベーション（保全）は1900年代初頭に米国の森林管理官ギフォード・ピンショーによってつくられた言葉であるが[5]、ヨセミテ渓谷の保護をめぐってプリザーベーショニストであるジョン・ミューアとのヘッチ・ヘッチ論争は自然保護史上の著名な出来事である。このコンサベーションが今日のように広くいきわたる契機となったのは、1980年に国連環境計画（UNEP）・国際自然保護連合（IUCN）・世界自然保護基金（WWF）が発表した『環境

保全戦略（World Conservation Strategy）』である。「持続可能な開発（sustainable development）」を提起し、国連環境と開発に関する世界委員会（WCED）の報告書『われら共有の未来（Our Common Future）』に大きな影響を与えたことでも知られている環境保全戦略は、自然資源を保全する指針を示すとともに各国に戦略の策定を呼び掛けるものであり、環境教育の推進にも大きな影響を与えた。

いずれにしても今日意味するところの自然保護には「持続可能な利用」（sustainable use）が含まれていると解釈した方が良い。しかし常に利用を前提条件とする自然保護が正しいとは必ずしも考えられない。一例としてあげることができるのが、日本政府による調査捕鯨[6]である。捕鯨問題については、鯨類の生態調査はもちろん、日本の伝統的文化や食習慣、捕鯨をめぐる国際世論、鯨類のもつレクリエーション的・審美的視点などを総合的に検討し、判断すべきものであるが、日本政府は[7]「捕鯨問題を、単にわが国が鯨を資源利用する目的ではなく、むしろ、世界が野生生物資源を合理的に利用する際の秩序維持に向けた貢献の一環として捉えており、国連環境開発会議で合意された持続的開発の原則に基づき、再生産可能な野生生物資源は管理されるべき」との立場に立っている。

4　東京教育大学野外研究同好会

日本の自然保護教育の原点となった東京教育大学野外研究同好会（以下、野外研）は、品田穣、矢野亮といった日本の自然保護教育を担ってきた人材を生み出したことでも知られている。

野外研は東京教育大学の理科教育担当であった印東弘玄教授の「自然科学を学ぶためにはフィールドワークが必要だ」との趣旨に共鳴した学生らによって、1956年に設立された。同好会の目的は「自然に興味を持つ人がお互いに勉強したりしながら、日本の自然を美しいままに守ることにある。」[8]とし、全国で初めての学生による自然保護サークルとしての自由闊達な活動が

行われたことが、会報(『自然保護教育のこころみ─野外研20年の足跡─』(以下、野外研20年史))の隅々にあらわれている。

1965年当時の会報で、矢野は「Protection、PreservationからConservationへの自然保護の内容の変化をとりあげ、複雑な現代社会において、自然と人間の生活を考えた場合、広い意味での自然保護の考え方が必要であるが、現在はConservationの考え方は全く普及していない。自然に対する知識・認識を広め、その上でConservationの思想を行き渡らせることが必要である。そのためには子どもたちに対して、自然に親しみ、自然を直接観察し、実際の自然の相互関係を認識させることを通して、自然愛護の考え方を身につけさせることが一番大切である」と述べている。

また同年の会報で「『自然に親しみ自然を愛することが、自然保護に必要な第一歩である』との野外研の理念に対して、自然を愛する心は自然保護に通じているが、自然保護は単に自然が好きになることで達成できるものではない。自然保護教育にとって自然と接する機会を持つことは、まず第一に必要なことである。そしてその機会を重ねる過程において、何らかの働きかけをすることが第二に必要であり、この両方がなくては自然保護教育の効果は期待できない」(宮崎宣光)と具体的な保護活動の有無が自然保護教育にとって決定的に重要であると述べている。

また採集の是非論や公害反対運動と自然保護運動との統合など、野外研の20年間に交わされた論議は自然保護問題に真摯にかかわっている学生ならではの問題提起であり、いずれも今日の自然保護をめぐる環境教育の在り方に通用する問題提起をはらんでいる。

野外研の自然保護教育上の実践として特筆に値するのは、1957年に始まり、1966年の松代地震を直接のきっかけに中止する迄9年間にわたって実施された「山の自然科学教室」である。都会の中学生を長野県の八方尾根などに引率し、野外研の学生はもちろん、国立自然教育園や大町山岳博物館などの専門家が指導者となる自然教室である。対象は都内の中学生で、募集人員は150名程度、医師・看護婦も付き添い総勢200人、5泊6日という本格的な自

然教室は当時では他に類をみなかった。

　そしてこの経験をもとに、1964（～1976）年から高尾山自然教室に取り組んだ。50名程度の中学生を対象に、年3回程度にわたる自然教室の意図は「自然に恵まれない都会の子ども達に身近な自然（高尾山）に触れさせる機会を与え、情緒的自然観と科学的自然観とがうまく調和した方法で指導することにより、子ども達が今まで気付かなかった自然の素晴らしさ、偉大さに感動し、自然に対する理解を育む」（小林民治）というものであった。この自然教室も当時としては、先駆的な活動であった。

　山の自然科学教室、高尾自然教室のいずれにおいても、自然保護教育としての教室のねらいをめぐって、さまざまな葛藤があったことが野外研20年史からうかがい知ることができる。これらの議論の中で現在と共通するものは、自然に親しみ、知る活動（自然観察）から自然に働きかける活動（守る）をどう引き出すかということである。

5　日本自然保護協会の自然観察会

　日本自然保護協会は尾瀬を電源開発による破壊から守るために設立された尾瀬保存期成同盟（1949年）を母体に1951年（1960年に財団法人化）に設立され、以降、わが国の自然保護運動や自然保護思想の普及の最前線に位置する組織である。自然保護協会は自然保護運動を通じて、自然保護思想の普及が自然保護を支える力になると考え、1957年に「自然保護教育に関する陳情書」を文部大臣をはじめとする関係者に提出している[9]。これは自然保護教育の名で出された初めての公式文書ではないかと考えられる。ここでは自然保護教育を明確に定義していないが、添付された5項目にわたる参考意見から垣間見ることができる。

①われわれ日本人の生活の場であり、生活の資源であり、又永く日本文化の母胎となった国土の自然（風土、景観）を総合的に観察、研究、観照し、その特異性を明らかにして、これを愛護する心を養うこと。（愛郷心、愛

国心の涵養）

②自然界の新奥にして神秘的な機構を学び、自然を尊重する心を養うと共に適応しつつ人生にこれを享用することが正しい文化の向上であり、国土開発の基本であることを知らしめること。（国土保安と産業開発との調整その他）（以下、略）

前者は、自然の観察を通じて、自然を愛護する心を養うことであり、野外研の意図した自然保護教育と重なるが、興味深いことに愛郷心、愛国心として位置づけている。これは風土、景観などとして自然を生活や文化などの総体としてとらえることから生まれるのであろう。ある意味では生態系サービスの一つといえる。後者は自然の仕組みを知り、自然を尊重しながら、人間生活に利用することは国土開発の基本であるとして、まさに自然の持続的利用を意味しているともとらえることができる。戦後復興の中で、自然保護と経済発展との調整を意図したものである。

そして1959年は「自然保護に関するシンポジウム」を主催し、「コンサベーションについての諸問題」と題する講演がなされている。このことから当時すでに、自然保護協会はコンサベーションの考え方に沿った自然保護を指向していたと考えられる。

1970年に全国で自然保護運動が展開されていく中で、地域住民の後ろ盾なしには運動を推進できないことから、自然保護団体は、地元住民に地域の自然に親しみ関心を持って貰おうとの趣旨から、自然観察会を主催してきた。このような背景から、自然保護協会は自然保護教育の手段としての自然観察会を企画することとなり、そのための指導者養成として自然観察指導員講習会を1978年に開始し、現在にいたっている。講習会では、自然保護概念の整理、自然保護教育のための自然観察の理論的裏付けなどの講義と、自然観察の手法にかかわる実習が組み込まれている。自然保護協会のいう自然保護教育は自然観察を通じて、自然に親しみ、知り、守るという活動であり、特に守ることに力点が置かれた活動といえる。

6　日本生物教育学会における自然保護教育

　自然保護教育の実践的草分けであった野外研と自然保護協会と同時に、自然保護教育の理念の普及に貢献した組織として日本生物教育学会をあげることができる。生物教育学会は1957年に設立された生物教育の現場教師を中心とする団体であり、設立時の会長であった下泉重吉が東京教育大学教授であり、かつ自然保護協会理事であったことから両者の自然保護教育は互いに影響を及ぼしていた。長年、生物教育学会に密接にかかわり、自然保護協会でも自然保護教育の指導的立場にいた青柳[10]によれば、学会の自然保護教育分野の功績としては、1967年に「自然保護教育に関する要望」を文部大臣あてに行ったことや、アメリカの文献による「自然観察路」の翻訳など自然保護教育の基礎資料の印刷などがあげられる。

　また青柳[11]は、わが国における自然保護教育の歴史を理科教育、社会教育の視点から概観し、1970年代当時の自然保護教育の課題を整理している。これらの中で、今日的視点から注目に値するのは、①自然教育と自然保護教育との区別の問題、②社会教育における自然保護教育は科学教育の裏付けが必要である、の2点である。いずれも今日の環境教育の課題の一つである。

7　結論

　自然保護教育は自然破壊の対抗措置として、すでに1950年代から日本で始められてきた。しかもその考え方は保護と持続可能な利用を意味するコンサベーションに根ざしており、今日の自然保護とほぼ同義であった。自然観察により、「自然に親しみ、自然の仕組みを知り、自然を守る」という自然保護教育のプロセスはこの当時から形成されてきたといえる。しかし、「自然に親しむことは自然を守ることにつながるのか」という疑問は、現在でも指摘されている課題である。この意味では、自然教育は自然保護教育の前段階

として位置づけるべきである。また、科学教育に裏付けられた自然保護教育も今日の自然保護教育の課題である。

今日では、自然教育や自然保護教育は環境教育に包含されており、環境教育の視点から、先の課題をとらえるならば、「親しむ、知る、守る」という自然保護教育のプロセスを、特に「守る」視点に立ち環境教育の中にしっかりと位置付けることが必要である。そして、地域における自然資源の保護と持続可能な利用を先の三つの危機や生態系サービスを踏まえながら、地球的視点とのつながりを意識して行うESD（持続可能な開発のための教育）としての環境教育が求められている。

8　おわりに

自然保護教育の主要な組織である「三浦半島自然保護の会」を紙面の都合で取り上げることができなかった。野外研と同時期に、金田平、柴田敏隆両氏を中心に行われた自然観察会は、無謀な採集が横行していた時代に自然保護を指向した自然観察会の草分けであった。また1974年の自然保護憲章制定にいたる過程は、日本における自然保護教育史の中で記録することが必要である。両者の取り組みの精査は今後の課題としたい。

注
（1）日本は1993年の条約発効と同時に批准。2010年の第10回締約国会議は日本の名古屋市で開催予定。
（2）Millennium Ecosystem Assessment編（横浜国立大学21世紀COE委員会訳『生態系サービスと人類の将来』オーム社、2007年）。
（3）環境省編『生物多様性国家戦略』（環境省、2007年）。
（4）日本生物教育学会『自然保護教育に関する要望』（1970年）。
（5）ロデリック・ナッシュ（足立康訳）『人物アメリカ史（下）』（新潮社、1989年）。
（6）1982年に商業捕鯨のモラトリアムがIWCで可決され、1986年から大型クジラの商業捕鯨が全面禁止となったが、日本政府はこの決定を留保し、調査捕鯨を継続している。筆者は調査捕鯨は調査の名を借りた商業捕鯨であるとの立場に立っている。筆者は1989年のグラスゴー会議をはじめIWC総会に3回出

席し、この確信を強くしている。
（7）水産庁『捕鯨班の基本的考え方』http://www.jfa.maff.go.jp/whale/indexjp.htm 2008.5.7
（8）東京教育大学野外研究同好会『自然保護教育のこころみ―野外研20年の足跡―』1978年。本誌には野外研の発足から廃止に至る20年間の会報など、活動当時の記録が載録されている。
（9）日本自然保護協会『自然保護のあゆみ』（日本自然保護協会、1985年）。
（10）同上。
（11）青柳昌宏「自然保護教育の歴史と現状、今後の課題」（『日本生物教育学会・研究紀要1975』1975年）1～32ページ。

第2節　自然保護教育の展望

1　自然保護教育における観察と行為

　自然保護教育を含む「環境教育」は、自然の有限性に注目し、自然破壊を防ぎ、自然との調和に基づく、人類の恒久的存在を探求する教育及びそのための行動主体を形成する教育である、と考えることができる。しかしながら、ここに「自然」そのものをどのように認識すべきか、その有限性や破壊、調和をどのように評価すべきなのか、それを認識し行動する主体である人間をどのように理解すべきなのか、という問いに対する直接の答えを見いだすことはできない。環境教育学が科学である以上、独自の評価体系に基づいてこれらの問いに答えていかざるをえない。環境教育学が持続可能な開発のための教育（ESD）の影響を強く受けながら発展していくことを視野に入れるならば、応用科学における「有用性」、基礎科学における「真理性」、社会科学における「妥当性」を評価基準として併せもつ総合科学としてのあり方を模索することが求められているといえる[1]。

　その意味では、自然保護教育にもその科学性を保障するものとして、①自然に対する科学的認識はどのように形成されるのか、②自然を保護するための行動（実践）がどのように生みだされるのか、という二つの課題に答えるための何らかの仮説が必要となってくる。

　仮説実験授業を提唱した板倉聖宣は、教育学でも教育科学でもない「授業科学」としての科学教育のあり方を模索した。それは、科学的認識の成立過程の問題であり、その成立条件として「科学的認識は目的意識的な実践・実験によってのみ成立する」「科学的認識は社会的認識である」との二つの基本的な命題を設定する[2]。とりわけ、目的意識的な実験・実践によって〈繰

第4章　自然保護教育の展望

り返される事実〉だけが科学的認識となるという理解は、自然に対する実験・観察を重要な手法とする自然保護教育にいくつかの示唆を与えている。それは、科学的な認識を形成するためには、一方に実験・実践を意識する主体があり、他方にそれを繰り返す（行為する）主体がいるということである。この二つの主体はひとりの人間に統合されているものであり、ヘーゲルの「観察する理性」から「行為する理性」への転換に通ずるものがある[3]。ヘーゲルは、自然を観察し、そのなかに自己を見いだそうとする「観察する理性 beobachtende Vernunft」から理性の考察を始める。具体的には、感覚的に経験されるものをまず記述し、さらに分類し、さらにそこに法則と概念を見出そうとするのである。これは、あくまでも物の本質を見出そうとする試みであっても、そこに理性自身の本質である思考の運動（何かを結果とみてその原因を取り出そうとしたり、多様なもののなかに統一的な原理を見出そうとしたりするような思考の運動）を見出そうとする無自覚な試みでもあると解釈される。理性が記述→分類→法則という仕方で自然の観察を高度化していくことは、意識が感覚→知覚→悟性の進展をやり直しているとみることもできる。理性は、自ら自覚的に「観察」することで、自覚的に感覚や知覚の立場を超え出ていこうとすると考えられている。

　ヘーゲルが『精神現象学』において「自然物の観察」をどのように考察したのか、西研の解釈にそってもう少し詳しくみたい。意識は「観察と経験とが真理の源泉」であると考えるが、まったく個別なものを記述するだけでは「無思想な意識」にすぎない。記述は、単なる事実の羅列ではなく、そこになんらかの普遍性を取り出していくことを意味する。それを自覚したときに分類するためのなんらかの「標識」が必要となり、物の性質に関する本質的性質と非本質的性質を分けることが求められる。また、この標識（本質的性質）にもとづく体系が「人為の体系であると同時に自然の体系である」という立場をとる。とはいえ、意識は実際には自然の諸物を完全に分類し体系づけることはできないということ（物に固定的な規定を与えることが不可能であること）を知ることで、「法則と概念」を求めていく。こうして、実験し

法則を見出そうとする「観察する理性」は、結局、固定的で自己同一的なものと考えられていた物から、関係しあい規定を交代し運動する、無限性としての「概念」を取り出していく。

　このように自然の科学的認識には、自然の観察を通して記述し、分類し、法則と概念を見出そうとする自覚的な主体（意識・理性）が必要であり、その主体は「自然の観察」から「自己意識をその純粋態において、またその外的現実への関係において観察すること」を経て、「自己意識が自分の直接的な現実に対してもつ関係の観察」へと向かう。こうして観察する理性は「精神は一つの物である」との最終的な帰結に至って態度を転じ、みずから行為することによって自分自身を存在（現実）のなかに定立しようとする姿勢、「行為する理性」へと転換するとされている。この観察的理性から行為的理性への転換を社会教育実践の文脈のなかで説明しようとしたのが鈴木敏正の「自己教育の論理」である[4]。

　鈴木は、理性の形成を目的とする社会教育実践の最初に取り上げられるべきものが「環境としての地域」を把握する環境学習であり、それは対象としての自然に固有な論理を学習する自然学習とは区別されて、人間と自然との循環と再生産の論理を把握するもので、現代人の教養の基礎的部分をなすものであるとしている。ここで重要なことは、第一に現段階における環境の理解が環境問題を克服しようとする中で現実的になされるということ、第二に地域に固有な自然循環・生活循環、「環境としての地域」の理解である。まさに、住民が直接的に接する環境と住民自身との相互関係をより深く理解することが重要な意味をもつと指摘する。地域に対する認識を深めていく活動である「調査学習」を通して地域住民は「地域の個性」を意識し、それが地域に「主体的にかかわる」住民自身の活動の歴史的蓄積によって形成されてきたものであることを理解していくとされる。

　こうして観察する理性は、具体的に「環境としての地域」に向き合うなかで行為する理性へと転換する可能性をもつことになる。

2　自然保護運動に内在する教育力

　日本の環境教育の源流の一つとして位置づけられてきた自然保護教育に関してまとめることは、日本社会の風土にあった環境教育学を構築するうえでも、環境教育を実践するうえでも避けて通ることのできない課題である。「自然保護教育の歴史と展開」（伊東・小川）で取り上げられた下泉重吉、中西悟堂と日本野鳥の会、三浦半島自然保護の会、東京教育大学野外研究同好会、自然観察会運動、野生生物保全論研究会などの活動とそれにかかわる人びとの生き方は、まさに日本の自然保護教育の源流を考える上で欠くことのできないものであり、その流れが通史的にまとめられたことの意味は大きい。さらに、この論文がいわゆる概説の枠にとどまるものでないことは、例えば「自然観察会」の評価にかかわる記述に見ることができる。

　自然観察会という言葉が1955年に設立された「三浦半島自然保護の会」や1960年代末から70年代にかけて各地で活動をはじめた「自然観察会」などのグループによって「野外活動」の呼称として使用された新造語であることや、1968年に東京都のフィルムライブラリー利用団体の名称として「自然観察会」を固有名詞として用いながらも名称の独占的使用をすべきではないとの議論を重ねていたことなど、一般にはあまり知らされてこなかったものである。これに、三浦半島自然保護の会による「採らない・殺さない・持ち帰らない」という採集否定を前提とした自然観察会のあり方や、新浜を守る会による東京湾新浜干潟埋め立て反対運動からうまれた自然観察会（1968年）にあった自然観察と自然保護との強い結びつきが次第に失われて「自然の中にいることが楽しくそれで満足してしまう」傾向が見られたことなど、教育実践としての自然観察の評価をめぐる重要な論点も提起されている。こうした論点は、「環境教育としての自然観察会の再評価」（小川）で三浦半島自然保護の会での自然観察会活動や日本自然保護協会の自然観察指導員制度に関する金田平への聞き取り、小川潔自身がかかわってきた各地の自然観察会と「しのばず

自然観察会」の分析を通してさらに深められている。

　これは「自然保護運動と地域の学び」で取り上げられている多摩川の自然を守る会（伊東）、熊本県の川辺川ダム建設住民討論集会（楠野）、千葉の干潟を守る会（小林・小川）、高尾山天狗裁判（又井）、コラムとして紹介されているトトロの森（永石）、など、開発や自然の破壊を許さない住民運動（自然保護運動）の中から生まれてくる自然保護教育の流れとして、再構築される可能性をもつものである。「環境としての地域」に向き合う実践を通して、観察する理性が行為する理性へと転換する可能性、もしくは観察と行為とが互いに理性の深まりを助け合う関係を見いだそうとするものである。

　例えば、多摩川の自然を守る会の活動から生まれた「多摩川教育河川構想」は、多摩川の自然破壊防止に関する請願（東京都議会で採択／1972年）にある「多摩川の自然を利用した教育を推進する」をもとに「小・中・高校生のために自然教室・教材にするために、多摩川を教育河川に指定し、専門家による維持管理を通じて、自然の姿を保持しながら積極的に利用する方策を立てること」を求めているものである。伊東静一が指摘するように「教育河川構想を生み出した力」は多摩川の自然を守る会がもつ「自然保護運動の教育力」と呼ぶことができるものであろう。このように自然保護運動それ自体が運動を支え、発展させていく機能として教育的機能、自然保護教育の機能を内在させていることは確かである。これは、川辺川ダム建設反対運動における「住民討論集会」を成立させた力、千葉の干潟を守る会の活動を通じて大浜清を育てた力、高尾山の圏央道建設反対運動を通じて参加者を育てた力にもみることができる。

　ここで改めて、自然保護運動と自然保護教育を含む運動に内在する教育力との関係について整理する必要がある。社会運動が何らかの形で社会の問題を解決し、社会を変えるための自覚的な行為であるのに対して、教育は本来、社会を維持し新たな担い手を生みだすことを目的として行われるものである[5]。その意味では、社会運動に内在する教育力を枚方テーゼに倣って「住民運動の教育的側面」と呼ぶことはできても、教育力そのものを社会運動の

「手段」として位置づけることには矛盾がある。むしろ、自然保護教育を市民の自己教育運動、「学習権」の一形態として位置づけることで、自然保護運動から生まれるさまざまな自己変革の可能性を保障する機能として、本来の教育のあり方に即して理解することができる。つまり、自然保護教育は自然保護運動の手段ではなく、自然保護運動を通じて自己教育（自己変革）する権利を市民に保障するものなのである。

　そこで次に問題になることが、自然観察会に代表される自然保護教育そのものが自己目的化されて、自然保護運動に結びつかない状況をどのように理解すべきかということである。この問題を自然体験と自然体験学習の文脈で意識的に捉え直そうとしたものが、Significant life Experiences（SLE）に関する一連の研究であろう。降旗信一は北米環境教育学会を中心に蓄積されてきたSLE及び「環境に責任ある行動（Responsible Environmental Behavior/REB）」に関する研究の成果を踏まえて、日本における独自の調査（2005年、2006年）を行っている[6]。その結果を踏まえて、降旗が「環境的行動につながる体験」と翻訳するSLEの重要な要素として、子ども時代に限らず「自然体験」が位置づいていると指摘した。これは、自然体験活動（自然保護教育）を経験することが何らかの形で環境に責任ある行動（自然保護運動）に結びつく可能性が高いことを示すものである。もともと教育が社会運動の手段ではない以上、自然保護教育が直ちに自然保護運動の担い手を育てると考えるべきではない。むしろ、広い意味での自然の理解者、自然の愛好者を多く育てることで、自然の破壊に抵抗する世論を培っているとみるべきである。こうした広範な理解者・愛好者の一部が、積極的な自然保護運動の担い手として育っていくのではないのだろうか。問題は、自然保護教育を自己目的化することではなく、自然保護教育がより多くの市民（子ども）をとらえておらず、自然の理解者・愛好者が自然保護運動の担い手として成長する意識的な働きかけがなされていないことにある。「日本ナチュラリスト協会の実践史」（降旗）は、こうした模索を方法論として整理しようとしたものと理解される。

3　自然保護教育と〈ローカルな知〉の可能性

　自然の観察・実験にはそれを意識する主体と繰り返す主体が必要であり、漫然と自然と触れ合うのではなく、目的意識的に観察する主体の存在が前提とされている（板倉）。とはいえ、自然を意識して観察することはそこに物の本質を見いだそうとする行為と連動するものであり、観察を通して自然的事実を記述し、標識によって分類することで、自然の中に互いに関係し合い変容し続ける法則と概念を見いだそうとするものである（西）。こうして自然の観察は、その観察を意識的に行う主体（観察する主体）の存在が同時に自然を変容させる主体（もしくは絶えず関係し合い変容する自然の一部）でもあることを自覚することで「行為する主体」に転換する契機となると考えることができる。

　そして、自然に固有な論理を学習する自然学習と区別される「環境としての地域」を把握する環境学習が、人間と自然との循環と再生産の論理を把握しようとするものであり、「環境としての地域」に向き合うなかで観察する理性が行為する理性へと転換する可能性をもつことになる（鈴木）。このように地域に対する認識を深めていく活動（調査学習）を通して、地域住民は地域の個性を意識し、地域に主体的にかかわる住民自身の活動を生みだすと考えられるのである。

　とはいえ、「環境としての地域」はあくまでも地域の個性として捉えられるものであり、そこに主体的にかかわる住民の存在を前提に成り立つ概念である。その意味では、これを前平泰志のいう〈ローカルな知〉とほぼ同質のものとみなすこともできる[7]。前平は〈ローカルな知〉（＝社会教育で実践される知）を「本来的に、時間と空間に限定された局所的で一時的な知から出発している」ものであり、「この知を支えているのは、まぎれもなく〈ローカルな時間〉と〈ローカルな空間〉なのである」と定義している。そして、「ローカルな知とは、単にある一定の地域や地方において、保護されたり、

継承されるべき知や文化をさすのではない。それは、制度によって再生産することも、他者に交換することも不可能な固有の知をも含む、局所的、局在的な空間と知の関係の様式を問題にするダイナミックな概念である。個人にあっては、これ以上分割できない知という意味で、ローカルな知の究極の形態は、身体の動き＝五感の働きに根ざした知であろう」と述べる。[8]すなわち、ここでとらえられるべき「環境としての地域」は普遍化された風土でも自然と人とを結ぶ固定的な関係でもなく、絶えず主体としての住民によって壊され捉え直される行為を前提として成り立つ〈知〉であり、その意味で「永続的に続けること、生涯にわたる学習」をともなうものである。

いまグローバリゼーションのもとで地球規模での自然環境の破壊が進行しつつある状況にあって、自然の観察を通して生みだされる自然環境を保護するという結論を対置するだけで十分とはいえない。むしろ、「自然」や「環境」をキーワードとして成立する新たなグローバル・スタンダードな概念が、人びとの主体性を奪い人間らしい生き方を否定することにもつながりかねないことに留意すべきである。自然を観察し、自然を守るという行為を通して、ひとりひとりの市民が主体的に物事を考え、主体的に行動することが求められているのである。絶えず身近な自然と向き合い、その声を通して自らの生き方を問い直し続ける、こうしたあり方に自然保護教育の可能性を見いだしたい。

注
（１）朝岡幸彦「環境教育とは何か」（朝岡幸彦編著『新しい環境教育の実践』高文堂出版社、2005年）29～30ページ。
（２）板倉聖宣『科学と教育』（キリン館、1990年）101～119ページ。
（３）竹田青嗣・西研著『完全解読ヘーゲル「精神現象学」』（講談社選書メチエ、2007年）99～110ページ。
（４）鈴木敏正「環境としての地域と調査学習〔観察的理性〕」（鈴木敏正著『自己教育の論理』筑波書房、1992年）240～247ページ。
（５）朝岡幸彦「グローバリゼーションのもとでの環境教育・持続可能な開発のための教育（ESD）」（『教育学研究』第72巻第4号、日本教育学会、2005年12月）

530～543ページ。
（6）降旗信一「自然体験学習の学びのプロセスを探る」（朝岡幸彦・降旗信一編著『自然体験学習論』高文堂出版社、2006年）42～59ページ。
（7）前平泰志「グローバルとローカルな間で」（『日本社会教育学会第51回研究大会報告要旨集』2004年）22～23ページ。
（8）前平泰志「身体とローカルな知を結ぶもの」（『日本社会教育学会第52回研究大会報告要旨集』2005年）27ページ。

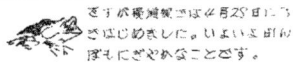

資料1　自然のたより創刊号（三浦半島自然保護の会）1959.5.10

資料2　新浜を守る会よりNo.5（新浜を守る会）1968.5

新浜を守る会より

〈1〉
NO 5
1968年5月　日発行

〖新浜を守る会〗東京都文京区大塚6-22-6　古川純子方
　　　　　　　　TEL 03（941）8977
　　　　　　　　振替　東京33925　古川純子

はじめに　「新浜を守る会」ができてから、とうとう一年を越えました。不思議とも何とも言いようのない感があります。

　この一年の長きにわたり、守る会の活動の基盤となりましたみなさまのご支援に心から感謝させていただきます。物心両面からのこのようなご援助が期待できる団体は他にないのではないのでしょうか。感謝とともに、今後ともどうかご指導くださいますよう、改めてお願い申し上げます。

　みなさま、本当にありがとうございました。

　今回は守る会一年の歩みを特集とし、会の今後の問題についてみなさまのご意見をうかがうため、アンケートを企画いたしました。同封のはがきにご記入の上、ご投函くださいますようお願いいたします。

写真展へどうぞ！

　慢性的ドロナワ状態を脱することなく、今度も直前に話しがまとまって、急にバードウイークにかけて写真展を開くことになりました。

　　題　　　新浜の鳥
　　期間　　5月8日（水）〜5月13日（月）
　　時間　　午前12.00　〜午後8.00まで
　　場所　　高円寺駅前（中央線）みすみ画廊にて（10頁の地図参照）

　高円寺というと、いかにも無限遠方に近い感があります（山手線内側の住民にとりましては）が、実際には新宿から会場まで10分とかかりません。駅を降りて、南口より外に向って左（中野寄り）をながめますと「みすみ画廊」という看板が見つかります。

　何しろこれから（現在4月28日）準備するのでどうなりますことやら…　執行部一同決死的覚悟をもって頑張るつもりでおりますが…　ともあれ、万障おくり合せのうえぜひおいで下さい。

自然保護問題について話し合う会のお知らせ

　守る会の一年間の活動を通じて何度となく感じたことですが、自然保護を考えている人は思ったよりかなり多いのではないでしょうか。守る会の運動がある程度受け入れられたこと自体、それを示していると見ることができま

**資料3　日本で最初の自然保護を訴えるデモ参加呼びかけチラシ
　　　　（自然を返せ！　生きもの連合）1970.7**

7,11.　7,18.　自然の破壊を許すな！　集会とデモへ参加を!!

生きつづけるか滅びるか　それが問題だ……

鳥もなかず、木々も色あせ、蝶やトンボも飛ばなくなった。街からツバメが、知らぬ間に姿を消した。こうした目立たない変化は、私たち人間にも無関係ではありません。

「公害」とよばれ、あるいは「開発」とよばれているけれど……

都市では、空気のよごれがひどくなり、農薬や工場排水による被害も悲惨なものとなっています。残り少ない緑地が開発の名でどんどんけずりとられ、自然は日一日と私たちの前から姿を消してしまっています。機械のきしり、生きものはひからびて、これが文明でしょうか。しかも、それらはすべて、私たち人間のしわざなのです。

環境破壊を許さない市民運動を起こそう……

この環境破壊に対して、私たちは、黙っていないで、やれることをどんどんやりだそうではありませんか。私たちのためにも、あなた自身のためにも、あなたの子供たちのためにも是非何かやり始めて欲しい。

とにかくデモへどうぞ……

と　き　七月十一日（土）　集会、午後一時半より
　　　　　七月十八日（土）　三時半デモ出発
　　　　　（全国一斉）

ところ　清水谷公園（地下鉄赤坂見付下車）

デモコース＝清水谷公園―虎の門―新橋（警察の許可によって発言できます。）―数寄屋橋―有楽町―日比谷公園
　　　　土橋―流れ解散

集　会　どなたでも発言できます。

■プラカードやゼッケンをぜひご用意ください。雨なら傘に工夫を……
■カンパ歓迎

自然を返せ！　生きもの連合

〈連絡先〉港区芝西久保明舟町15　虎の門電気ビル内
　　　　　日本自然保護協会　気付
　　　　　TEL（503）4896

資料4　自然観察会よりNo.18（自然観察会）1972.3

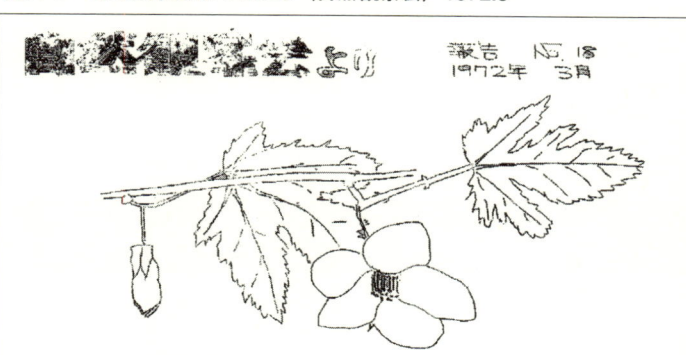

自然観察会より　　報告 No.18
　　　　　　　　　　1972年 3月

モミジイチゴ

風速20mの南風に乗って春が一気にやってきた。杉形山の雪を踏みに行った 先、せる日の朝に、マサキは淡紫色の薔薇の新葉で飾り、ミズキは水平に広がった枝々に深紅の若葉をふいた。とりわけ私は、弱々しく開いたモミジイチゴの白い花びらに、めぐってきた春の確かな証拠を見出したのだった。

2月&3月 の活動
　2月6日　杉並観察会　高尾山〜小仏峠　p.2参照
　2月11日　飛ヶ丘観察会下見　吉実〜白山
　2月20日　　〃　　　〃　　　p.3-4参照
　2月26日　多摩川団地観察会 福永他／雨天で中止
　2月18日、3月3日、3月24日　話し合い　於.駒場
　　2月13日　不忍池のカモを見る会（小川、日下他）
　　3月4日〜9日　房総のサル調査（乗口、日下他）一報告次号
　　3月19日〜21日　杉形山（小川、山本他）

3月〜4月の予定
　3月31日　鹿吉へ ナスミレを見に　　　　詳報はp.8に
　4月2日　高尾へ カタクリを見に
　4月9日　春の猿丸峠へ
　4月16日　飛ヶ丘観察会 下見 10時 小田急頂本厚木駅
　4月23日　　〃　　〃　飛ヶ丘の水田　詳細未定
　4月7日、21日　話し合い　於の広場東大前教会より出口 6時

資料5　NATURALIST（日本ナチュラリスト協会）1975.10

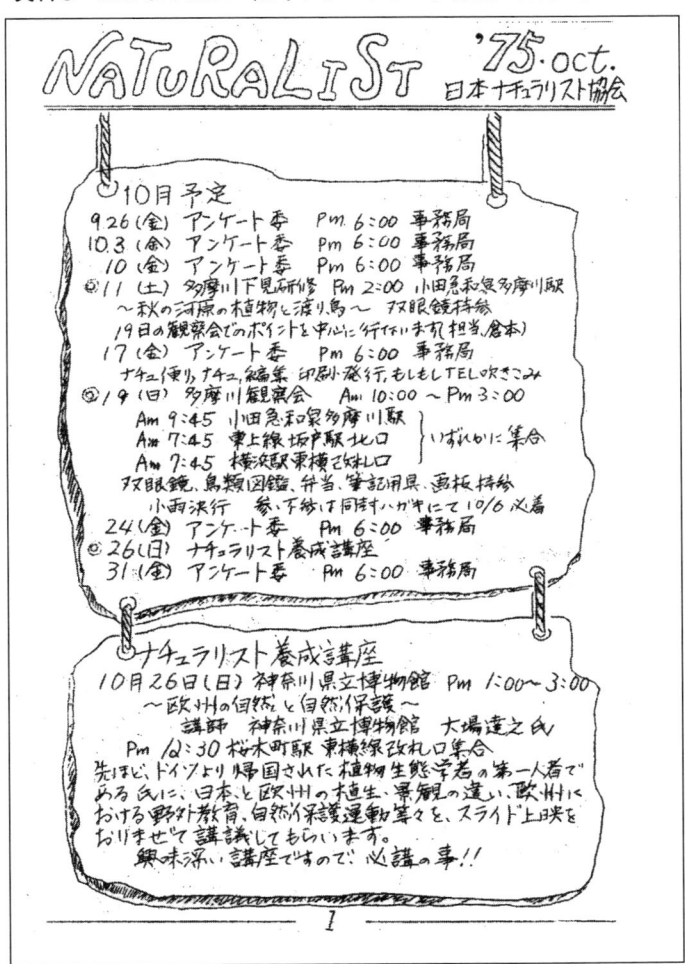

NATURALIST '75・oct.
日本ナチュラリスト協会

○10月予定
- 9.26（金）アンケート委　Pm 6:00　事務局
- 10.3（金）アンケート委　Pm 6:00　事務局
- 10（金）アンケート委　Pm 6:00　事務局
- ◎11（土）多摩川下見研修　Pm 2:00　小田急和泉多摩川駅
  〜秋の河原の植物と渡り鳥〜　双眼鏡持参
  19日の観察会でのポイントを中心に行ないます取担当（倉本）
- 17（金）アンケート委　Pm 6:00　事務局
  ナチュ便り、ナチュ編集　印刷発行、もしもしTEL吹きこみ
- ◎19（日）多摩川観察会　Am 10:00 〜 Pm 3:00
  - Am 9:45　小田急和泉多摩川駅
  - Am 7:45　東上線坂戸駅北口　いずれかに集合
  - Am 7:45　横浜駅東横で札口

  双眼鏡、鳥類図鑑、弁当、筆記用具、画板持参
  小雨決行　参加申込は同封ハガキにて10/6必着
- 24（金）アンケート委　Pm 6:00　事務局
- ◎26（日）ナチュラリスト養成講座
- 31（金）アンケート委　Pm 6:00　事務局

○ナチュラリスト養成講座
10月26日（日）神奈川県立博物館　Pm 1:00〜3:00
　〜欧州の自然と自然保護〜
　　講師　神奈川県立博物館　大場達之氏
　Pm 12:30　桜木町駅東横線改札口集合
先ほど、ドイツより帰国された植物生態学者の第一人者である氏に、日本と欧州の植生、景観の違い、欧州における野外教育、自然保護運動等々を、スライド上映をおりまぜて講義してもらいます。
　興味深い講座ですので、必講の事！！

1

資料6　ナチュラリストだより14号（日本ナチュラリスト協会）1975.10.1

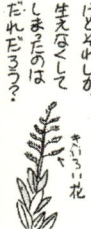

◆執筆者紹介◆

氏名、よみがな、所属（現職）、称号、専門分野または取り組んでいること等。

監修者/第4章第1節
阿部　治（あべ・おさむ）
　立教大学社会学部・大学院異文化コミュニケーション研究科教授。現在、持続可能な開発のための教育（ESD）の国連の10年を通じたアクションリサーチに従事。

監修者/第4章第2節
朝岡　幸彦（あさおか・ゆきひこ）
　東京農工大学大学院准教授、日本環境教育学会事務局長、博士（教育学）。食育・食農教育論、社会教育学。

編著者/第1章、第2章第3節、第3章第2節
小川　潔（おがわ・きよし）
　東京学芸大学准教授。しのばず自然観察会代表幹事。博士（農学）。タンポポを中心とした外来種問題、地域環境教育。

編著者/第1章、第2章第1節
伊東　静一（いとう・せいいち）
　東京農工大学大学院博士後期課程。福生市民会館・公民館長。公民館事業として、身近な自然環境の中で、自然観察・自然体験活動などを企画実践してきた。

編著者/第2章第4節
又井　裕子（またい・ひろこ）
　東京農工大学大学院博士後期課程。指導者の自己教育過程についての研究、環境教育学、社会教育学。

第2章第2節
楠野　晋一（くすの・しんいち）
　東京農工大学大学院博士後期課程。住民運動に内在する教育・学習についての研究、公害・環境教育。

第2章第3節
小林　宏子（こばやし・ひろこ）
　東京学芸大学大学院修士課程修了。環境教育の視点から、行徳野鳥観察舎における人と人、人と場のネットワーク形成を調査。

第3章第1節
降旗　信一（ふりはた　しんいち）
　社団法人日本ネイチャーゲーム協会理事長。博士（学術）。環境教育、特に自然と共生する持続可能な地域づくりに向けた学び。

第2章コラム
永石　文明（ながいし・ふみあき）
　東京農工大学環境教育学研究室非常勤講師、NPO法人ヘリテイジトラスト代表、自然共生型地域再生とその教育に取り組む。

持続可能な社会のための環境教育シリーズ〔2〕
自然保護教育論

定価はカバーに表示してあります

2008年8月8日　第1版第1刷発行

監修	阿部治・朝岡幸彦
編著者	小川潔・伊東静一・又井裕子
発行者	鶴見治彦
	筑波書房
	東京都新宿区神楽坂2-19　銀鈴会館　〒162-0825
	電話03（3267）8599　www.tsukuba-shobo.co.jp

©小川潔・伊東静一・又井裕子 2008 Printed in Japan

印刷/製本　平河工業社
ISBN978-4-8119-0331-6 C3037